# 树木盆景

## 制作技艺七日通

兑宝峰 编著

海峡出版发行集团 | 福建科学技术出版社
THE STRAITS PUBLISHING & DISTRIBUTING GROUP | FUJIAN SCIENCE & TECHNOLOGY PUBLISHING HOUSE

**图书在版编目 (CIP) 数据**

树木盆景制作技艺七日通 / 兑宝峰编著 . —福州：
福建科学技术出版社，2023.5

ISBN 978-7-5335-6924-2

Ⅰ . ①树… Ⅱ . ①兑… Ⅲ . ①盆景 – 观赏园艺 Ⅳ .
① S688.1

中国国家版本馆 CIP 数据核字（2023）第 023570 号

| | | |
|---|---|---|
| 书　　名 | 树木盆景制作技艺七日通 | |
| 编　　著 | 兑宝峰 | |
| 出版发行 | 福建科学技术出版社 | |
| 社　　址 | 福州市东水路76号（邮编350001） | |
| 网　　址 | www.fjstp.com | |
| 经　　销 | 福建新华发行（集团）有限责任公司 | |
| 印　　刷 | 福州德安彩色印刷有限公司 | |
| 开　　本 | 700毫米×1000毫米　1/16 | |
| 印　　张 | 14.5 | |
| 字　　数 | 245千字 | |
| 版　　次 | 2023年5月第1版 | |
| 印　　次 | 2023年5月第1次印刷 | |
| 书　　号 | ISBN 978-7-5335-6924-2 | |
| 定　　价 | 68.00元 | |

书中如有印装质量问题，可直接向本社调换

# 前言

"盆景是大自然精华的浓缩和艺术化再现"。

随着"热爱自然，回归自然"生活理念的深入人心，作为"有生命艺术品"的盆景，开始进入越来越多人的生活圈。闲暇之时赏玩盆景，可以亲近大自然，体验植物给我们带来的宁静，陶冶情操，使生活更加丰富多彩。

本书共分入门篇、素材篇、造型篇、技法篇、树种篇、美化篇、管理篇等七个部分（书名也由此而得），以图文并茂的形式介绍了树木盆景的基础理论、常用工具、素材来源、主要造型及其技法、管理养护、主要树种以及树木盆景的美化欣赏等方面的知识，具有语言简练而精准，所选盆景作品涵盖面广泛，图片精美等特点，可供盆景爱好者参考欣赏。

本书在编著的过程中得到了《花木盆景》杂志社王志宏、苏定、李琴，盆景世界公众号刘少红，以及铃木浩之（日本）、范鹤鸣（湖北）、张延信（山东）、韩琦（安徽）、杨自强（河南）、张国军（河南）、计燕（河南）、王

小军（河南）、王松岳（河南）、马建新（河南）、王念勇（河南）、刘朝阳（河南）、张晓磊（河南）、刘晓亮（河南）、张强（河南）等朋友的大力支持（以上排名不分先后），特表示感谢。本书的照片部分摄自中国（南京）第七届盆景展、中国（安康）第八届盆景、中国（番禺）第九届盆景展、第三届全国网络会员盆景精品展（扬州），以及郑州市园林局、郑州市花卉盆景协会、河南省花卉协会盆景分会所举办的盆景展中。书中盆景作品的题名、植物名称及作者（收藏者）名字以展览时的标牌为准，但对有明显错误的植物名称进行了纠正；对于同一件作品在不同展览所标署的不同作者名字，以拍照时的展览标牌为准；对于一些盆景界约定俗成，但并非是植物正式名字的树种，标注了其中文正名；其科、属按最新的植物分类学标注，并注明原来所在的科、属，以方便读者查阅。

水平有限，付梓仓促，错误难免，欢迎指正！

兑宝峰

2023 年 2 月

# 目录

1

# 有生命的艺术品——盆景

盆景是一门既传统又时尚的艺术，它紧扣时代脉搏，在继承中创新，在创新中发展，在发展中得以传承。正因如此，盆景也被称为有生命的艺术品、活的艺术品，其中的「活」与「生命」，不仅表现在盆景植物是鲜活的生命体，更表现在盆景植物是鲜活的生命体，更表现在创作手法的灵活及其强大的生命力上。

但万变不离其宗，不论怎么变化，什么样的创新，都要在继承传统的基础上进行，不能脱离盆景的固有规律，更不能偏离「大自然的艺术化再现和精华浓缩」这一宗旨。

共享自然（张国军　作）

# 入门篇

RUMENPIAN

了解树木盆景基本特点及常用工具、盆器的应用，走进盆景艺术之门。

# 一、树木盆景概述

　　树木盆景，也称树桩盆景（简称"桩景"），在我国的台湾、香港等地，以及日本、东南亚、欧美国家称"盆栽（Bonsai）"，是对以树木（兼有竹子及其他形似树木的草本植物）为主要材料盆景的总称。

　　作为植物造型艺术的树木盆景，是大自然精华的浓缩和艺术化再现。它以盆钵等器皿为载体，以植物为主要材料，以土壤、山石等为基础材料，将大自然中最具代表性的树木风采、山野丛林风光融入诗情画意和个人情愫等人文精神后，在盆钵中展现出来。其主体特征是崇尚自然和借景抒情，在艺术表现上为景物和情感的融合，从而达到"源于自然，又高于自然"的艺术境界。

拂云擎日（上海植物园　作品）

忆江南（韩琦 作）

# （一）树木盆景的特点

树木盆景是以小见老、小中见大的艺术，讲究苍古朴拙、老而不衰。它以小树表现自然界大树、古树风采，即便是在掌中赏玩的微型盆景、用小树苗制作的盆景也要表现出"虽历经岁月沧桑，依然生机盎然"的老树神韵。这是因为老树与环境之间有着长期形成的稳定关系，最能体现大自然的生态和谐之美。由于自然界中古树的形成要经历漫长的岁月，因此盆景创作的目的就是采用必要的技法，缩短这漫长的时间，加速其苍老过程。

古树流芳（韩琦 作）

微型盆景组合《欢聚》（黄就成　作）

　　一件上乘之作需要"时间＋技法"的综合运用，不是一朝一夕便能完成的，短者需2～3年，长者需8～10年，甚至更长，故而盆景界有"一寸枝条生数载，佳景方成已十秋"的说法。而且这期间还有很多不确定因素，如定向培养的枝条不明不白地枯死等，这就需要及时调整造型策略，进行改做。即便是已经成型的盆景，甚至得过大奖的名品之作也要在养护中不断完善，使之更加成熟老到。因此，盆景是时间的艺术，其创作具有连续性。

拍摄于 2009 年

树石林趣（姚晨 作）

拍摄于 2019 年

拍摄于 2008 年

苍（江栋梁 作）

拍摄于 2016 年

## （二）树木盆景的意境表现

盆景的最大特点是其对意境的营造，这是其内在生命。

意境悠远的盆景能够达到景中有情的艺术效果。使人们在欣赏时，不仅看到了盆中美景，而且通过观景激发感情，因景而产生联想，从而感受到景外之意韵，达到景有尽而意无穷的境界，即"见景生情""天人合一"，给观者带来精神上的享受。如高不盈尺的盆中之树就能使人感受到参天大树的震撼，引发观者思绪徜徉于山林、古树之间。

苍林远岫图（肖宜兴　作）

疏木江天（张延信　作）

问 盆景能速成吗?

答 竹子等草本植物，以及丛林式、水旱式等类型的盆景是可以速成的，但前提条件是有合适的素材（包括植物、盆器、配石等），制作者有娴熟的技法。像盆景展中的操作表演所使用的素材大多数已经培育数年，并且在前期反复进行演练，如此才能在限定的时间内制作出"能看"的作品，而离成熟的精品之作还有一定的距离。

**实例**

①选择椭圆形浅石盆、配石及小石榴树。

②在白色浅盆的 2/3 处摆上石块，做出水岸线；把石榴分为大小两丛，栽种在合适的位置。

③在盆面点缀石块，铺上青苔、栽种小草，做出起伏自然的地貌形态。

④摆放人物等摆件，以增加作品的表现力。

（王小军 作）

# 二、常用工具

　　"欲善其事必利其器"，制作树木盆景的常用工具是必不可少的。主要有剪子（包括枝剪、长柄剪、小剪刀等）、钳子（包括钢丝钳、尖嘴钳和鲤鱼钳）、刀（包括嫁接刀、凿子及平口、圆口、斜口、三角口等各种雕刻刀，常用于茎干的雕凿）、手锯、镊子、锤子、錾子、小刷子等。其他还有盛水的水盆、水桶，浇水的水壶和喷水的喷雾器，蟠扎用的扎丝（即铝、铜、铁等材质的金属丝，有不同的粗度，其中铝丝柔韧度适中，对植物伤害不大，应用最为普遍）、麻皮和胶布（蟠扎时垫衬在树皮表面，避免伤及树皮）等。

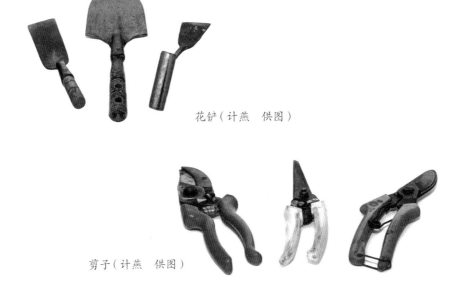

花铲（计燕　供图）

剪子（计燕　供图）

# 三、盆器应用

盆景中的"盆"是一个广义的概念，除通常意义上的盆外，还包括能够栽种植物的枯木、山石、石板、酒瓶、紫砂壶、杯子、杯托、瓮、罐、碗、盘等器皿。这些器皿在使用时一定要在底部打上排水孔，以免因排水不畅而引起烂根。

## （一）材质

盆以材质划分有陶盆（也称瓦盆、泥盆）、塑料盆、紫砂盆、釉陶盆、石盆、水泥盆、竹木盆、藤编盆、铜盆等。其中的陶盆、塑料盆价格低廉，不甚美观，主要用于素材的培养。目前使用较为广泛的观赏盆是紫砂盆、瓷盆、釉陶盆和石盆等。

## （二）形状

盆景盆根据盆口的形状划分，有圆形、椭圆形、正方形、长方形、六角形、八角形、海棠花形、异形（不规则形）等，其深度有很大的差异。此外，还有仿觚、鼎、香炉、花瓶等古玩，仿山石、树根、竹节等自然物品的花盆。在长期的使用中，还形成了固定的称谓，像中等深度的长方形马槽盆，高而深的千筒盆（签筒盆），以及斗盆、浅盆、异形盆、残缺盆、南蛮盆等。

## （三）应用

**大小**　树与盆要相辅相成、相得益彰。在一定范围内，略小一些的盆更能衬托出树木的高大，而稍大些的盆则更能表现出"景"的开阔。

岁月悠悠（孔德　作）

傲骨凌风（吴沙菲　作）

**深浅** 浅盆更能衬托出树木的高耸、视野的视开阔，常用于水旱式、丛林式及文人树等造型的盆景；中等深度的盆使作品端庄稳重，可用于大多数造型盆景；而深盆则会彰显树木旁枝斜出的飘逸、险峻之感，多用于悬崖式造型盆景。

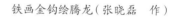

铁画金钩绘腾龙（张晓磊 作）

将军（吴亮 作）

享秋（白群法 作）

**颜色** 景的颜色与盆的颜色不宜相同，要有一定的差异。此外，盆的色彩不宜过于艳丽，盆壁上的装饰图案也不要过于繁杂，以免喧宾夺主，影响效果。但凡事不可一概而论，像质朴稳重的紫砂盆就适合大多数盆景，而色彩绚丽的花果类盆景配上鲜艳的盆器，景与盆相映成趣，花团锦簇之感跃然眼前。

叠翠（邱定喜　作）

火棘盆景（铃木浩之　供图）

以下是同一株金雀用不同盆器栽种的效果。

玉树临风（张国军　作）

# 素材篇

SUCAIPIAN

通过山采、人工繁殖、购买等方法获得盆景素材，并进行培养造型，使之成为艺术品。

# 一、植物的选择

用于制作盆景的植物要求：习性强健，适应性强，移栽成活率高，能够在狭小的盆钵中正常生长；枝条相对柔软，易蟠扎，萌发力强，耐修剪；株形紧凑，叶片不大，枝干古朴苍劲，能够以小见大，表现大自然中老树的沧桑古朴、山野丛林的自然情趣。

临崖悬翠（牛得槽　作）

**问 哪些类型的植物不适合制作盆景?**

**答** 形态过于奇特,叶子硕大,不具备大自然中树木的典型性;枝干坚硬,难以蟠扎,修剪后不易发芽的植物;形态虽符合盆景造型要求,树种也较为稀有,但移栽难以成活,或在盆中长势不佳的植物,以及在一定区域内生长良好,离开该区域后就长势欠佳的地方性树种或国外引进树种。

**问 如何选择盆景桩材?**

**答** 不贪大:桩材不是越大、越粗越好,而是看是否有培养前途,日后能否成景。

不贪多:桩材并不是以数量取胜,而是以质取胜。

不贪怪:怪桩固然稀少奇特,但不是每个怪桩都适合做盆景,因此同样的价钱还不如买个形态自然,分枝合理,日后能成景的桩材呢。

刺柏盆景(雷天舟 作)

榔榆盆景(娄安民 收藏)

# 二、素材的来源

## （一）山采

　　山采也称野采、挖桩。是指在不破坏生态环境的前提下，到田间地头、山野及废弃的村落等处，采挖那些生长多年、桩头矮小、形态奇特的"小老树"，经过锯截、修剪，保留有造景价值的部分，作为制作盆景的材料。

①山石缝隙中生长的雀梅。

②用镐头将其掘出，注意带土球。

③仔细审视，看看适合做什么造型。

④悬崖式造型不错。

（王松岳　供图）

采挖时间根据树木种类的不同而定，大部分树木，尤其是落叶植物可在冬天落叶后至春季发芽前后进行。有些常绿树种及习性强健的落叶树种也可在生长季节采挖。

采挖后注意做好保鲜保湿工作，可在根部涂抹泥浆，或用塑薄膜或湿的苔藓、毛巾等物品包裹根部，以保护根系，并减少水分蒸发。

栽种前先"杀桩"，将造型不需要的枝干截掉、过长的枝干短截。但对于那些造型所需要的粗枝一定要保留，如果当时拿不准，可暂时留下，等以后再确定是否存留；过长的根系以及粗大的直根、主根也要短截，但要多保留侧根和须根。"杀桩"尽量一次到位，以免多次锯截，对树桩造成反复伤害。

## （二）人工繁育

人工繁育具有不破坏生态环境，一次繁殖可以得到大量素材等优点，但也有生长缓慢、盆景成型时间长、造型千篇一律等不足，但这些不足都可以通过后期的造型技法弥补。主要用于人工栽培的园艺种及绿化苗木，像月季、苹果、梨、冬红果、玉叶、五针松、大叶黄杨等。

根据植物的种类不同，可采用播种、分株、压条、扦插、嫁接等方法繁殖。由于其具体的繁殖方法很多书籍都有介绍，本书就不再赘述了。

果满枝头（杨自强 作）

## （三）购买

在花市经常能看到榔榆、黄杨、福建茶、榕树、月季等树种的盆景，由于这些盆景是批量生产的，造型千篇一律，缺乏个性，买回家后可通过换盆、改型等手法，提高其档次。此外，一些盆景展中常常开辟销售区，有些地区还有季节性的树桩市场，有各种盆景素材出售；在网络平台上也有出售盆景素材的网店，可择优购买。

月季盆景（玉山　摄影）

# 三、素材的培养

树桩经过初步修剪整形，确定其基本造型后，栽在大的盆器内或地栽，以促进根系的恢复和生长，并对枝条进行培养造型，称为养桩或养坯。

## （一）栽前准备

对于采挖时间过长而失水严重的桩子应在清水中浸泡一段时间（具体时间根据树种而定）；但金雀、榔榆等具有肉质根的树种千万不可浸泡，否则会腐烂死亡。若是在生长季节栽桩，对于根系较少、土团散掉的桩子，还要剪掉一些枝叶，以减少水分蒸发，提高成活率。

栽种前要对伤口处理，大的伤口要处理得平整光滑，且大多数树种都要涂抹植物伤口愈合剂、乳胶或红霉素药膏等，也可用锡纸将伤口封住，以避免树液流失过多影响成活，并有灭菌消毒的作用。此外，还可用生根药剂对根系进行处理（具体方法和剂量可参考药剂的说明书），以促进生根。

## （二）栽桩方法

养桩所用的土要求疏松透气，不必含有太多的养分，以清素为佳，有利于根系的恢复和新根的生长，像清洁的河沙、赤玉土及其他颗粒材料等。

栽种时应注意角度的选择，或直或斜，或悬或平，对于那些平淡无奇的桩材，不妨换个角度，以打破平庸之势，达到化腐朽为神奇的效果；并使根系向四周平铺生长，为八方根的培养打下良好基础；注意不要裸露过多的根系，最好能将根系全部埋入土壤，必要时还可用沙子做培土封住一部分树桩，以保证成活。

黄荆盆景（雷天舟　作）

卧龙松（郑州市人民公园　作品）

## （三）栽后管理

　　大多数种类的植物栽后要浇透定根水。如果是冬季或早春应罩上透明的塑料袋，或将树桩放在小温棚内养护，为保持湿润，还可用青苔、毛巾等物将枝干包裹。此后注意观察，缺水时及时补充水分。抽枝后，在塑料袋上剪几个小洞，进行通风炼苗；以后逐渐扩大通风口，等到树桩适应外界环境后再将塑料袋全部去掉，进行正常管理。切不可一次全部撤掉塑料袋，以免因环境突然改变造成"回芽（即已经萌发的新芽枯死）"。

　　养桩的初期，可不施肥或者少施肥，以促进伤口的愈合和新根、新芽的萌发，待新枝木质化后方可

为了保持湿度，可在枝干上覆盖苔藓等物品

施肥。新枝萌发后不作任何造型，任其生长，对于造型不需要的枝条可从基部剪除，需要保留的枝条不要短截，使之尽快增粗（俗称"拔条"），等长到合适的粗度时，再进行短截。

## （四）假活与假死

　　假活，是指树桩依靠自身贮藏的养分，发芽抽枝，而此时其根系并未恢复，吸收不到水分和养分，等植物自身贮藏的养分消耗完后，其枝叶萎蔫干枯，桩子死亡。

**问** 怎么避免桩子的假活现象？

**答** 选桩时尽量不要选那些病弱桩和根部截面大的桩。在养护上谨记"干发根，湿发芽，不干不湿壮根又壮芽"的谚语。可以通过套袋、遮阴、向树干喷雾等方法促进桩子发芽。发芽后逐渐增加光照和通风量，以减少小环境的空气湿度和盆土湿度，促进发根，发根是其调节的最终结果。

假死，是指树桩根系输送的水分不能满足生长需要的时候，植株就会自动调节自身的生理平衡，叶柄处就会形成离层，使叶片主动脱落，以减少对根系的供水压力，待水分供应正常后，会萌发新叶。此外，有些树桩虽然没有叶子，但枝干水分充盈，如果养护得当，在适宜的环境中会发芽，也可视为假死。

**问** 桩子出现假死怎么办？

**答** 假死多因管理不善造成。可通过遮阴、保湿等措施精心管理，当年秋天或翌年春天就会有新芽萌发。但如果是叶片干枯"挂"在枝上不脱落，伴随着枝条发干，则表明是真死，只好放弃。

金雀闹春（杨自强　作）

# 造型篇

ZAOXINGPIAN

对素材进行提炼加工，通过不同的造型，将大自然中的树木、山林景观浓缩于盆钵之中。

作为植物造型艺术的树木盆景，是通过不同的造型，将大自然中的树木、山林景观浓缩于盆钵之中。创作时可根据树桩形态、树种特色及作者表达的情感对素材进行提炼加工，使之既符合人们的审美情趣，又不失天然趣味的艺术品。其大致可分为自然式和规则式两种类型。

规则式盆景（赖胜东　作）

自然式盆景（花良海　作）

# 一、树势与取势

盆景中的树势是指盆中树木或直或斜或下跌的倾向。取势，就是通过对素材的观察、分析和判断，确立树势，利用其固有姿态，扬长避短，选取合适的栽种角度，并注意突出桩材自身特点，因材施艺，以彰显树桩的天然魅力，而不是将其埋没。

**问** 树木盆景取势应注意什么？

**答** 确定盆景的正面（主要观赏面），从正面看，主干不宜向前挺，露出的根和主枝应向两侧延伸较长，向前后伸展较短。主干的正前方既不可有长枝伸出，也不宜完全裸露。主枝要避免对生和平行，也不可分布在同一平面上。如果主干有弯曲，主枝应从"弯儿"的凸处伸出，不宜从凹处伸出。此外，还要避免四平八稳，使之有一定的动势，但也要防止过犹不及，一定要把握好度，注意整体的均衡。

探幽（朱金水　作）

凌崖叠翠（朱海禄　作）

松岩点黛（胡大宇　作）

树木盆景的取势是围绕树根、树干、树冠进行的，三者要相辅相成，比例恰当。并注意重心的稳定，动与静的平衡，不要违反自然规律。做到景随我出，既随心所欲而又不逾越规矩程式。

黄荆盆景（马建新　作）

# 二、树根的造型

树木的根大致可分为主根、侧根、须根、气生根等。在正常情况下，大多数植物的根是埋在土壤中，但由于雨水的冲刷或其他因素，一些生长多年植物的根会露出土面，盆景中根的造型就是根据这个原理，对其进行艺术加工，使作品虬曲苍劲、古意盎然。

# （一）提根式

也称露根式。将树木的根部向上提起，裸露在外，盘根错节，古雅奇特。有放射型、扭曲型、斜向型等类型。

相依成趣（吴敬端 作）

金雀闹春（杨铁 作）

石榴盆景（娄安民 收藏）

# （二）以根带干式

迎春花、枸杞等蔓生植物枝条虽多，却没有明显的主干，不能够支撑树冠，但其根虬曲多姿；黄荆、月季、石榴、榔榆等树种的有些桩子根部古朴奇特，树干却直而无姿。制作盆景时，可采用"以根代干"的方法，将根部从土中提出替代树干，支撑树冠。

云低绿意浓（唐庆安　作）

起舞（刘驰　作）

## （三）连根式

模仿大自然中的树因受雷电、飓风、洪水等自然灾害的侵袭后，树干倒卧于地面，并向下生根，枝干向上生长，形成树冠；或有的树根经雨水冲刷，局部露出土面，在裸露的部位萌芽，长成小树，形成根连根的效果。有过桥式、提篮式等类型。

榕树盆景气生根入土，根根相连，形成"独木成林"的景观，也可视为连根式盆景的一种类型。

故乡的回忆（罗绍祥　作）

独木成林（黄丰收　作）

野趣（张强　供图）

# （四）疙瘩式

榔榆、对节白蜡、朴树、金弹子、蜡梅、黄荆等植物的老根呈不规则块状，形似山峦、奇石，上面萌发的枝条经造型后，如同一棵棵小树，其整体造型或像山岗上的丛林，或像石上之木，奇特而富有野趣。制作此类盆景时，应注意小树也要有主干、有主枝、有侧枝、有细枝，要像一棵树，而不是像一根木棍插在石头上。

冷香（鄢陵花博园　作品）

古道遗韵（肖庆伟　作）

**问 提根怎么进行?**

**答** 提根应循序渐进，每次提一点儿，切不可操之过急，一次完成，以免因环境突然改变对树桩的生长造成不利影响。也可在浇水的时候，用水冲刷掉根部的一点泥土，日久天长，其根部就会露出土面。

凤舞（蔡英杰　作）

贴梗海棠盆景（郑州市碧沙岗公园　作品）

# 三、树干的造型

树干又叫树身，是指从根颈到第一主枝间的主体部分，下连根系上连树冠，对树冠有着支撑作用，并将根系吸收到的养分和水分输送给树冠，供其生长、开花和结果。其基本形式有直干式、斜干式、卧干式、临水式、悬崖式，并衍生出曲干式、枯干式、怪异式、象形式、文人树、双干式、丛林式等变化。

# （一）直干式

　　主干拔地而起，基本呈直立或略有弯曲状，在一定高度上分枝。由于其直立性不能改变，造型重点应放在枝盘的变化上，可根据树种、桩材的不同，确定分枝的位置、大小、距离、排列方式，并注意根盘的稳健。为了衬托出树姿的挺拔高大，宜用略浅的盆种植。有高耸型、矮壮型、健壮型及英雄树型（木棉型）等类型。

览尽春秋（姜军利　作）

古柏新姿沐春风（郭振宪　作）

气贯富士（刘胜才　作）

# （二）斜干式

树干与盆面呈一定幅度的夹角，主干或伸直或略有弯曲。枝条平展，使得树冠重心偏离植物根部。整体造型险而稳固，体现出树势动静平衡的统一效果。

飞天（唐岩 作）

古松临风（席有山 作）

## （三）卧干式

树干横卧于盆面，树冠昂然向上。树干与土壤接触者称"全卧"；树干虽横卧生长，但不与土壤接触者称"半卧"。

"大托根"也是卧干式的一个类型，其肥硕粗大的主根先是横卧于盆面，然后再奋起向上直立，成为树干。

云海碧涛（高胜山　作）

金蛇狂舞（魏积泉　作）

碧云悠悠闲梦远（躬耕园　作品）

## （四）临水式

树干或大的主枝横向平伸，甚至伸出盆面，但不倒挂下垂或稍下垂，而是横生直展，向前延伸，以贴近水面求得生长中力的平衡。

梦笔生辉（王恒亮　作）

绿荫深处（张宪文　作）

## （五）悬崖式

模仿悬崖峭壁上树木倒挂而生的神韵。树干下垂幅度较大，树梢超过盆底称为大悬崖（全悬崖）；主干下垂程度较小，超过盆口，但不超过盆底者称小悬崖（半悬崖）。此外，还有回旋型（捞月型）、倒挂型（倒挂金钩）、飘崖型等类型。宜用深盆种植，或用中等深度的盆栽种，并置于较高的几架上欣赏，以彰显其倒挂悬崖的风采。

崖韵（张乾川　作）

临风（宋晓洁　作）

捞月（赵德福　作）

誓不低头（黄就成　作）

虬枝临崖（王晓东　作）

## （六）曲干式

树干回蟠折曲似游龙状，很符合"以曲为美"的欣赏习惯。"屈作回蟠势，蜿蜒蛟龙形"是其生动写照。

赤松盆景（古林盆景园　作品）

月季盆景（郑州市青少年公园　作品）

## （七）枯干式

模仿大自然中老树饱经岁月沧桑，依然生机益然的神韵。其树干枯朽，树皮斑驳，木质层裸露在外，尚有部分韧皮上下相连，树冠或葳蕤茂盛，或花团锦簇，此枯荣与共的景象彰显出生命力的顽强。

古梅（郑州市紫荆山公园　作品）

劈干式也是枯干式的一种形式，是用破坏性的手法将粗大树干劈开，形成较大面积的伤痕，并对枝盘加工造型，使树干半枯半荣，以生与死的对比形成强烈反差。

再回首（姚乃恭　作）

# （八）文人树

文人笔意（冯炳伟　作）

文人树具有高耸、清瘦、潇洒、简洁等特点，寥寥几枝就能表现出其清雅的神韵。以个性生动、鲜明、清新的艺术形象，表达清高、自傲的人文精神追求。

文人树并非树木盆景的基本树型，而是从斜干式、曲干式、直干式、枯干式，甚至悬崖式、双干式、丛林式、水旱式等造型的盆景变化而来。无论什么样式，其孤高、清瘦、简洁的风格不变，切忌繁乱驳杂。

清风傲骨（左世新　作）

泊舟远眺（张延信　作）

呦呦鹿鸣（陈昌 作）

# （九）象形式

模仿动物、人物或其他物品的形态，既有植物之形，又有动物之态、人物之神韵。对枝盘的造型也要匠心独运，将其处理成动物或人物的一部分，与景融为一体，切不可游离于主体之外，以达到神形兼备的艺术效果。

渔翁古风（左世新 作）

# （十）怪异式

怪异式盆景是指那些形状奇特、无规律可循的盆景。这是大自然鬼斧神工的杰作，有着"极丑为美"的韵味，如同戏曲中的丑角。

怪异式盆景并不是越怪越好，而是根据树桩的形态，融入作者的主观意识，追求线条、外形的个性美，随心所欲地创作出心中的"树"，与现代派美术作品有着异曲同工之趣。怪异式盆景虽然以"怪"取胜，但也要遵循自然规律，不能为"怪"而"怪"，盲目地追求怪异。

趣（牛得槽 作）

石篮溢香（叶龙 作）

## （十一）双干式

两树合栽于一盆，或同根异干，或各自独立。二者要相辅相成，并有一定的变化。其树干可直、可曲、可正、可斜、可俯、可仰，也可一曲一直、一正一斜、一仰一俯、一高一矮。两树的枝条也要相互映衬，不可各自为政，互不关联。

叠翠（宝鸡盆景园　作品）

岭南双雄（黄就伟　作）

## （十二）丛林式

丛林式也称多干式。主干至少在3株以上（含3株），以表现山野丛林风光。丛林式盆景不是要求每一株树都很优美，而在于姿态自然、风格统一，能呈现山林野趣，因此在选材时要注重格调统一、有大有小、有粗有细，布局时应注意主次分明、疏密得当、错落有致。可分为合栽式、一本多干等类型。

共沐春风（李运平　作）

枫林秀色（黄学明　作）

# 四、树冠的造型

　　树木的树冠由各个枝干逐节延伸而形成，可分为主枝、侧枝、细枝、顶枝、飘枝、跌枝、前枝（迎面枝）、后背枝、下垂枝等不同的枝盘，因此树冠造型又称枝盘造型或枝托造型、枝丛造型、枝片造型。

　　树木盆景冠幅的大小应与树干的造型相结合，像文人树以清瘦为主，追求的是雅；大树型以丰茂厚重为主，追求的是雄稳；悬崖式、曲干式、卧干式及怪异型则要灵活生动，在怪异中求突破，在突破中求统一，险中求稳，自然和谐。

老当益壮（王明好　作）

雨静风轻孤木瘦（韩学年　作）

醉里得真知（吴克铭　作）

**问 过渡枝的作用是什么？**

答 过渡枝也称比例枝。指主干、侧枝、细枝之间自粗而细的过渡枝条。一般来讲，一级侧枝较粗，二级侧枝稍细，以此类推，侧枝会越来越细，直至细枝，其级次越多，枝与枝之间的过渡就越自然，盆景的层次也就越丰富。但对于某些造型的盆景来说，枝的级次过多，枝与枝之间的距离太近，会使得枝盘杂乱，缺乏疏朗通透的韵味。

岁月（韩琦　作）

# （一）自然式

自然潇洒又富于变化，能够体现出树种特色。但若使用不当会使盆景显得粗野、凌乱。主要用于叶子较大的树种，如苏铁、黄栌、红果等，以及月季、蜡梅、苹果等花果类树种。造型方法以修剪为主。

古木萃踪（李彦民、查新生　作）

神采飞扬（吴成发　作）

# （二）云片式

　　云片式也叫圆片式、云朵式。是利用某些种类植物叶片细小稠密的特点，采用修剪与蟠扎相结合的方法，将树冠加工成大小不一的云片状，具有规整严谨、层次分明等特点。但应用不当，会显得呆板做作，失去了树种特色。制作时注意云片不宜过小过碎，以免显得凌乱；也不宜过大，否则显得呆板僵硬。要做到大小搭配，既和谐统一，又有一定的变化。

独木成林（林琳　作）

傲苍穹（尤六扣　作）

　　云片式的应用非常广泛，并在继承传统的基础上得到了发展，如用柽柳、黄荆等杂木树种制作的仿松树造型盆景。

平步青云（齐胜利　作）

## （三）垂枝式

　　垂枝式是利用某些植物的枝条能够自然下垂的习性，或者经人工造型能够下垂，采用蟠扎等技法，使树枝呈下垂之状。大致可分为垂柳型、藤蔓型、跌枝型、高干垂枝型、俯枝型等几种类型。

　　垂柳型是垂枝式盆景的基础形式，是大自然中垂柳的艺术化再现，其意境神韵是抽象的，它不是把柳树移动再植，而是把柳的风格、特点等吸收消化，运用到其他树种的盆景创作中，使之在原有的树种上，增添"柳"的神韵，达到艺术的升华。

醉花荫（黄连辉　作）

郊野牧马（杨自强　作）

　　为了表现累累的果实将树枝压弯，也可采用垂枝式造型。

苹下悟道（查新生、张娴　作）

## ●师法自然

"盆景是大自然精华的浓缩与艺术化再现"。因此,制作盆景一定要师法自然,从中汲取养分,使作品符合自然规律,即唐代画家张璪提出的"外师造化,中得心源"中国美学理论,其中的"造化"指大自然,"心源"指作者的内心感悟,其意思是艺术创作来源于对大自然的效仿,但自然的美并不能够自动成为艺术的美,对于这一转化过程,艺术家个人情愫的融入和构思是不可或缺的。

藤蔓型

爬山虎盆景
（王小军　作）

俯枝型

五针松盆景（玉山　摄影）

跌枝型

雀梅盆景（盛光荣　作）

高干垂枝型

栀子盆景（敲香斋　作品）

## （四）动式

动式也称风动式、风吹式。是模仿树木在狂风暴雨中，树干岿然不动，枝条却弯曲偏向一侧的瞬间变化。根据与树干、主枝的配合形式，有逆风型、顺风型、向上型等类型，造型方法以蟠扎为主。

向上（刘永辉 作）

大风歌（刘传刚 作 王志宏 供图）

顺风式（刘传刚 作）

动式盆景忌枝叶过于稠密，否则会遮挡住观赏的主体——枝盘，因此在观赏时要摘除部分或全部叶子，使其筋骨毕露，彰显枝的动势。

风雷激（刘传刚 作 王志宏 供图）

# （五）枯梢式

枯梢式也叫枯枝顶。其枝繁叶茂，但枝梢处却已枯干，颇有老当益壮之势。其制作方法分为修剪、蟠扎、去皮、切剥四个步骤。

对节白蜡盆景（郭振宪　作）

刺破青天锷未残（时畅　作）

# （六）蘑菇形

蘑菇形也叫蘑菇头、馒头形、大盖帽。其树冠外轮廓线圆润流畅，呈半圆形，像个蘑菇或馒头，内部枝丛较为密集，并有一定的层次。多用于大树型盆景，可使得作品稳重大气，但若使用不当，则有呆板僵硬、千篇一律之感。

抚云（曹孝民　作）

日本第 42 届大观展作品（铃木浩之　供图）

此外，蘑菇形还延伸出外轮廓线呈等边或不等边三角形的三角形树冠。

王者至尊（陈昌　作）

风欺雪压一重天（滁州市老科协盆景研究院　作品）

## 问　什么是矮霸？

答　矮霸即矮而霸气的盆景，其主干自下而上逐渐变细，过渡自然均匀，枝盘也分级逐层细化，树冠呈蘑菇形或三角形，并具有稳健的根盘。犹如大自然中的大树，将盆景以小见大、以小见老的主体特征表现得淋漓尽致。

鸡爪槭（玉山　摄影）

杜鹃盆景（铃木浩之　供图）

# 五、其他类型的树木盆景

## （一）树石盆景

树石盆景是将树木盆景与山水盆景巧妙地结合为一体的盆景形式，树木与山石相辅相成，缺一不可。有附石盆景、水旱盆景等类型。

傲骨凌风（吴成发　作）

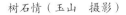

浓荫深处（孟广陵、施爱芳　作）

附石盆景　树木与山石紧密结合，形成一体，树根或扎在石洞或石缝中，或抱石而生。分为树抱石（也叫树包石）、石抱树（石包树）等类型，前者石头嵌在植物根系或树干内，而后者根系嵌在石头缝隙中。

树石情（玉山　摄影）

此外，对于主干细弱，甚至没有明显主干的树木，可将其细长且不能直立的根、茎附在形状、大小适宜的石头上"以石代干"。

横空出世（马建新 作）

春华秋实（唐庆安 作）

**水旱盆景** 以植物、山石、泥土为基础材料，分别应用树木盆景、山水盆景的创作手法，按立意组合成景，并精心处理地形地貌，根据造景需要点缀舟船、渔翁、牛、马、牧童、樵夫等摆件，在盆中表现水域、陆地树木兼有的自然景观。按照表现手法的不同，有水畔式、江河式、江湖式、岛屿式、孤峰式、综合式等几种类型。

古木清池（赵清泉 作）

擎云（赵辰建　作）

与其他类型的盆景相比，水旱盆景的视野更加开阔，如果说前者表现的是一棵树、一片林的近景，那么水旱盆景表现的则是包括山林、树木、水域在内的远景。

以下是同组植物，丛林式造型与水旱式造型的区别。

林泉幽情（郭伯喜　作）

农夫也有遣兴时（邬国荣　作）

## 问 盆景中如何表现水景？

**答** 多以虚拟的形式表现水景，即"留白"。以白色浅盆为载体，在盆中堆石填土，栽种植物，并做出自然和谐的地貌景观，其余的部分则留白表示水域，此外，还可用白色或蓝色的石子、沙子表示水面，并在适宜的位置点缀小的观赏石，使之有大小、远近的变化。为点明环境特征，还可在"水面"点缀小船、桥梁，"岸边"摆放渔翁等盆景摆件。

也有人用黑色、蓝色或其他颜色的盆器制作水旱式盆景，虽然不如白色盆面那么简洁，但对比强烈，凝重浑厚，别有一番特色。

春江水暖（郑州市紫荆山公园 作品）

云水谣（庞燮庭 作）

迟到的春天（庞燮庭 作）

## （二）立式盆景

立式盆景就是把浅口盆或石板等竖立起来，放在特制的几架上，并在上面栽种树木、粘贴山石，最后再题名、落款，加盖印章，使之成为有生命力的"国画"。

梅韵（郑州市碧沙岗公园　作品）

生存（韩学年　作）

还可将观赏面处理成粗糙的石头质感或做成砖墙、石墙纹理，甚至直接用石作为观赏面。植物则从墙或石的缝隙中长出，盘根错节的根系牢牢地"抓"住墙面，表现出植物生命力之顽强，古朴粗犷，令人震撼。

立式盆景的变形有屏风式、壁挂式等。

不尽长江滚滚来（马长华　作）

探幽（张建民　作）

## 问　如何灵活应用不同造型?

答　每种造型要根据树种的不同、桩材的差异以及所表达的内容灵活应用，甚至数种造型组合应用，像曲干式与临水式、悬崖式组合，临水式与附石式结合等。不论什么样的造型都不应违反树木生长的自然规律和树种特色，并融入人文精神，体现出自然美与艺术美的有机融合。

冬红果海棠盆景（郑州市碧沙岗公园　作品）

# 技法篇

JIFAPIAN

通过修剪、蟠扎等多种技法的综合应用，桩材达到所需造型，使盆景成为有生命的艺术品。

# 一、修剪造型

修剪的目的是去除植物在造型中的多余部分，留其所需，达到所需要的形态。

## （一）主要的修剪方法

**疏剪** 将枝条从基部剪除。主要剪除病虫枝、平行枝、交叉枝、重叠枝，以及其他影响美观、不符合造型要求的枝条。

**短截** 将长枝剪短，以刺激剪口下的腋芽萌发，形成较强的侧枝，从而达到促进分枝的目的。短剪是树木盆景控制生长、保持矮性的有效措施，又是使树桩具有大树形态，及早成型的重要手段。

**缩剪** 对生长多年的枝条进行回缩修剪。这是缩小树冠、维持形态优美的有力措施，也是促使萌发新枝、恢复树势的重要手段。

①金雀儿盆景修剪前杂乱无章。
②修剪后疏密得当，层次分明。
③换盆后虽疏朗秀美，但略显单薄。
④经过 7 年的生长，作品更为成熟。

（闫文荣　作）

修剪时间应根据树种的类型而定。大多数树种在春季发芽前后进行，严寒时尽量不要修剪，若修剪一定要做好保温工作，以免造成退枝。生长期可随时剪除徒长枝及位置不适宜的枝芽。

**问 如何处理修剪产生的伤口?**

**答** 对于小枝的伤口可不必管它，会自己愈合。对于锯截产生的较大伤口应涂抹植物伤口愈合剂、乳胶或红霉素药膏等。有些植物伤口处会成簇萌发新芽，可将造型不需要的全部剪除，切不可在伤口处蓄养一簇簇丛生枝遮掩截口，应采取雕、凿等方法，使截口和谐自然。

①锯截产生的较多伤口。 ②用錾子剔除部分木质。 ③完工后用砂布打磨掉毛刺。 ④最后形成自然和谐的伤口。

（杨自强　作）

## （二）截干蓄枝

"截干"是指在树干适当的位置截断，使其断口处长出新芽，继而长成新的枝条，新枝经过一段时间的"蓄养"，达到一定的粗度后，再在适当的位置截断，使其发芽出枝，当其枝条长到一定粗度后，再将其截断。如此反复，经过不断地截干、蓄枝后，其枝干自粗到细过渡自然，顿挫有力，似鸡爪、如鹿角、像蟹爪，极富阳刚之美，甚至每个枝条剪下后都能单独成景。

"截干蓄枝"并不是所有的树种和地区都能应用，对于那些生长缓慢、萌发力弱的树种，以及因气候原因植物生长相对缓慢的地区就不适用了。因为截干后萌发的新枝生长速度缓慢，会大大延迟盆景的成型时间，有些树种截干后甚至不再发芽。

铁干虬枝（张新华　作）

# 二、蟠扎造型

蟠扎的主要目的是调整枝条走势，稳定其造型。按使用的材料不同，分为金属丝蟠扎和棕丝蟠扎两种。其中的棕丝蟠扎技术难度较大，操作烦琐，已经很少使用了。

金属丝蟠扎因具有操作简单、容易定型而被广泛使用，方法是用铝等材质的金属丝（俗称扎丝）绑扎缠绕植物的枝、干，使之按要求的弯曲姿态和走势生长，待枝干定型后，再解除扎丝。蟠扎应遵循"先粗后细"的原则，即主干、主枝、侧枝、细枝依次进行，所使用的扎丝应根据所蟠扎树木枝干的粗细进行选择，对于较粗的枝条可用两根乃至数根扎丝缠绕后再定型，以增加力度。

枸杞盆景（黄雅笙　作）

蟠扎前应先剪去杂乱的枝条，并进行控水，使枝条变得相对柔软，以避免枝条因水分充盈质脆而折断。为了避免扎丝对树皮造成伤害，可用麻皮或胶布衬垫在树皮表面。

①栽种在塑料盆中的柏树杂乱无章。
②缠绕金属丝。
③经修剪、蟠扎后层次分明，疏朗大气。
④换盆后的效果。

（刘晓亮　作）

通过蟠扎，使原来上扬的枝条下垂，呈依依垂柳状。

（杨自强　作）

答　陷丝是指随着植物的生长，枝条逐渐变粗，扎丝陷入植物的皮层。陷丝会对植物造成较大的伤害，甚至引起"退枝"，使该部位的枝条枯死，此外陷丝还会影响盆景的美观。解决办法是不让扎丝长期束缚枝条，当枝条定型后及时解除。如果所蟠扎的枝条

反弹或者定型不稳，可选择该枝条的其他部位重新蟠扎定型。

# 三、其他造型技法

## （一）树木盆景的拿弯

以外力的方法使枝干达到一定的弯曲度。可分为不破干操作和破干操作两种方法，前者主要用于枝干相对较细，柔韧性好的树木；后者则用于较粗的枝干，可用锯子在树干需要弯曲的内侧锯一道或数道切开，深度为树干的 $1/3 \sim 1/2$，或者用刀在弯曲的树干内侧削出梯形切口，再进行拿弯；还可用破干钳将树干纵向开槽，若树干过于粗大，不能使用破干钳，可用电钻打孔，以伸进锯片，再进行纵向切刨，然后拿弯。此外，还可用曲干器等辅助进行顶弯、绞弯、拉弯等操作。当树干达到所要求的弯曲程度时，用铁质杠杆、棍棒、粗铁丝等进行固定，使之定型。

拿弯时要顺势而为，缓缓施力，切不可急于求成，用力过猛，以免将树干折断，从而前功尽弃。

棍棒定型

曲干器的应用

云崖竞秀（李天民　作）

## （二）树木盆景的结顶

　　结顶也称收顶，指树木盆景的顶部处理。主要有锥形结顶、弯曲S弯结顶（折叠结顶）、螺旋结顶、半圆形结顶、三角形结顶、平顶结顶、下垂结顶、反手结顶、动式结顶、枯梢结顶等形式。既可单枝结顶，也可由数个枝条组成枝丛结顶，可根据树种及盆景造型的不同灵活应用。

半圆形结顶盆景《同根竞秀》
（卢法强　作）

动式结顶盆景《钟山风云》
（万仁斌　作）

枯梢结顶盆景《定海神针》
（史佩元　作）

锥形结顶盆景《盛世年华》
（陆志锦　作）

平顶结顶作品《虬龙绕云》
（曹季德　作）

下垂结顶盆景《梅花落》
（冯炳伟　作）

## （三）舍利干与神枝的制作

树木中的舍利是指自然界的老树，经历雷击、风霜雪雨、砍伐践踏或病虫害的摧残后，树体的一部分枯萎，树皮剥落，木质部呈白骨化。盆景中的舍利干就是其艺术化的再现，是艺术美与自然美的完美融合。

按部位的不同，舍利干可分为以树干为主的枯干式、以枝梢为主的枯枝式（神枝）和接近树根的枯根式三种类型。这三种类型既可单独应用，也可综合应用。

飞天（李华龙 作）

舍利干最初是在侧柏、刺柏、真柏等柏树盆景中使用，后来逐渐扩展到梅花、蜡梅、石榴、冬红果、黄荆、柽柳、对节白蜡、寿娘子等花果盆景和杂木盆景上。需要指出的是，并不是所有的树木都适合制作舍利干，像刚翻盆换土的树因植株的机能尚未完全恢复，有枯死的可能；幼龄树木的木质不够坚硬及某些木质松软的树种，都不适合做舍利干。

岁月永恒（马建新 作）

傲骨（冯炳伟 作）

舍利干主要表现大自然中古树虽历经岁月沧桑，依然生机盎然的风采，追求的是苍古悲壮的气节之美，以彰显生命力的顽强，因此并不是多多益善，而是要达到"虽是人工，犹如天成"的效果，不能为舍利而舍利。

生命交响曲（朱有才　作）

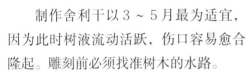

太行风云（齐胜利　作）

制作舍利干以 3～5 月最为适宜，因为此时树液流动活跃，伤口容易愈合隆起。雕刻前必须找准树木的水路。

水路，也称水线。指植物从根部，通过树干、树枝向叶子输送水分、养分的通道（由树皮组成），水路畅通与否对盆景可否正常存活生长有着至关重要的作用。有些舍利干造型的盆景仅靠树干上的寥寥几条水路就能健康生长，而这些水路一旦枯死或者被切断，与之相关的枝叶便会因缺乏所需养分而枯死。因此，可以说水路是盆景的生命线，保持其鲜活健康，是养好盆景的关键。

刺柏盆景（郭振宪　作）

**问** 如何确定水路，效果最佳?

**答** 以柏树为例，对于生长旺盛、皮层饱满的柏树，最好在树干筋脉隆起的位置来确定保留水路。因为这样的水路健壮且相对应的部位定有树枝生长，是最佳的生命线。水路的位置最好能起于树干两侧或一侧，使前后都能看得到，走向应根据树干的形态和纹理来确定。但水线最好别挡在正前方或正后方，在正前方会将树干一分为二而影响树干的整体美，在正后方会因看不到水线而显得死气沉沉。总之，水线饱满凸起，沿着干脊弯曲游走，转折巧妙，变化自然，切不可如蛇缠树或切干横行。

舍利干的加工可采用机械或手工雕刻，但机械雕刻后也必须通过手工来消除机械的痕迹，做到枯干的走势与主枝、树形协调统一。对愈合线的雕琢要精细，促使水路暴凸起来，以获得"暴筋露骨"的艺术效果。

指挥官（容园 作品）

**问** 舍利干如何保养?

**答** 可在伤口愈合干燥后刷上一层石硫合剂或其他防霉药物加以保护，注意其清洁卫生和通风良好，以防止因发霉而损坏，并使其洁白美观。对于一些杂木类树种，像蜡梅、金弹子等，还可在舍利干上刷上黑矾，其色泽黝黑，如被烧焦后又浴火重生；而将舍利干处理成灰色的木质原色，则显得自然古雅。

蜡梅盆景（合肥植物园 作品）

## （四）马眼的制作

马眼是指树木皮层受刺激伤口愈合后的增生而在枝干上形成，像马的眼睛一样的外观形态。马眼能增加盆景苍劲古雅的韵味。制作方法是把不需要的枝干进行裁截，并用锋利的刀片修理其边缘，留 3 ~ 5 厘米的 45℃左右的斜口，使树皮在包口时随同修口包边。也可用硬木条击打树干刺激皮层，或者人工凿眼，称为"打马眼""修马眼""造坑埝"。

峥嵘岁月（许瑞华　作）

龙啸云去（王建昌　作）

## （五）八方根的培养

指露出地面的粗根，以主干为中心，均匀地向四面八方水平延伸，使得盆景根盘稳健，主要用于直干式、斜干式及大树型等造型的盆景。

培养方法是将苗木从盆中取出，除去根部的土壤，剪除下部的直根，在树干基部适宜位置剥皮，并在伤口处涂抹生根剂，再种入盆中养护。翌年取出，切除粗大的直根和其他杂乱的根，通过蟠扎等技法，甚至可以在根的下面垫上木板，让伤口处的新根向四周呈辐射状生长。以后每年都要对根系整理，使之错落有致、古雅大方，与此同时对树冠造型。

这些方法适合用压条、扦插等方法繁殖的素材。

八方根（铃木浩之 供图）

玉树临风（林明福 作）

## （六）牺牲枝的应用

　　牺牲枝就是指先暂时利用，而以后要舍弃的枝条。在需要增粗的枝干上选育徒长枝，利用其生长速度快的优势拉粗枝干，等达到要求时，再剪除这条徒长枝（牺牲枝）。

　　牺牲枝也可用于枝盘的造型上，对那些相对偏细的枝托效果尤其明显。牺牲枝一般设在枝托梢部或其他部位，并且保持一定的高度，这样才能利用其顶端优势，达到加速生长增粗的目的。

　　牺牲枝还有壮根的作用。在盆景培育过程中，常常会出现这种情况：树桩一侧虽生有根，但很弱，与其他几个面的根很不相称。此时，如果在此根就近的树基上方培养一个枝条，并控制在一定的旺盛状态，就会带动这条根迅速生长。

朴树盆景

# （七）徒长枝的利用

徒长枝是指在多年生老枝上由潜伏芽萌发的强势枝条。大多数徒长枝是无用的枝条，一般做剪除处理。但凡是不可一概而论，若将其巧妙利用，则会收到意想不到的效果。

**强壮树体，增强树势** 刚下山栽培不久的毛坯和一些病树、弱树、受伤树，其树体衰弱，生长缓慢，保持适当的叶片面积，可以加速树体恢复，其徒长枝可暂时保留。

**自身靠接，弥补缺枝** 树桩生长正常后，发现某个部位明显缺枝，可利用自身的徒长枝进行靠接，弥补缺枝。

**预备造型，调整枝位** 当徒长枝的出枝位置比原来的造型枝更为理想时需要保留，作为预备枝进行造型培养，替换不够理想的老枝条，使枝盘的布局更加合理。

**定向培养，替换弱枝** 保留位置适宜的徒长枝，经过造型培养，替换老弱枝、病态枝、伤残枝，使树桩更加强健。

**加速愈合，强健水线** 在树桩的伤口或截面附近、处于弱势的水线附近萌发的徒长枝应有目的地进行养护，以达到加速愈合、强健水线功能的目的。

**定向制作，培养舍利** 对于适合制作舍利和神枝的树种，可对徒长枝定向培养造型，当其生长到一定的粗度和长度时，进行剥皮、短截或雕刻，制作成舍利或神枝，以弥补树桩的天然不足。

石城遗韵（甘德林　作）

听涛（黄果树旅游集团公司　作品）

## （八）嫁接的应用

嫁接不仅是植物的繁殖方法，也是树木盆景的造型技法之一。如叶大、花大、果大的大石榴桩子上嫁接叶片和花果都较小的小型观赏石榴，可加大树桩与叶、花、果之间的对比，以表现古木参天的气势。在大紫薇桩子上嫁接枝叶、花朵细小稠密的矮紫薇，以形成紧凑流畅的树冠。用生长多年、形态古雅的侧柏、圆柏等作砧木，真柏枝条作接穗，进行嫁接，以改良品种。对于榕树、柏树、松树等还可在缺枝的部位以嫁接的方法补枝，缺根的部位补根。对于月季花、杜鹃花、梅花等观花植物，还可在同一个植株上嫁接不同花型、花色的品种，以增加观赏性。

梦回童年（梁凤楼　作）

对于榕树等习性强健、伤口愈合能力强的杂木树种，可将数株苗木的树干并在一起种植，并将树干与树干之间的接触面刻伤，然后将其捆扎，时间久了，这些树干就会自然靠接在一起，不仅可使树干快速增粗，而且树干凹凸古雅，根部虬髯多姿。对于榕树盆景还可枝干上嫁接形状适宜的根，形成气生根，以突出树种特色。

华闽春韵（吴文博　作）

争春（郑州市碧沙岗公园　作品）

# （九）树木盆景的附木技法

　　将茎干较为细弱的植物攀附在形态古雅沧桑的木桩上，使二者融合，以增加观赏性。主要用于菊花、枸杞、常春藤等藤本植物或草本植物，以及其他主干细弱、无支撑力的植物。此外，还可在柏树、罗汉松或其他植物的老桩（包括死桩）内嵌入1～2年生植物的枝条，经过培养造型，使二者融为一体，以达到快速成型的目的。

悠然见南山（王小军　作）

附木真柏盆景（王庆生　作）

# 树种篇

SHUZHONGPIAN

树木盆景按树种的特性分为松柏类盆景、杂木类盆景、花果类盆景等类型，其中杂木类和花果类互有交叉，因此也可将这两类合并，统称"杂木类盆景"。

# 一、松柏类盆景

松柏，是松与柏两种类型植物的合称。此外，罗汉松、金钱树、虾夷松等也归为松柏类盆景。其共同特点是四季常青，寒暑不改容，是坚贞不屈的象征，人们常用"苍松翠柏"来比喻具有高贵品质、坚定节操的人。

## 松树
*Pinus* spp.

| | |
|---|---|
| 光照指数 ★★★★★ | 施肥指数 ★★ |
| 浇水指数 ★★★ | 耐寒指数 ★★★★ |

注：

按照不同植物对温度的不同要求，树木盆景可分为耐寒类、半耐寒类和不耐寒类三种类型。其中，耐寒类树木产于温带或寒带，一般能耐0℃，甚至更低的温度，如柽柳、黄荆、蜡梅、迎春花等，本书用耐寒指数4～5颗星表示；半耐寒类树木产于温带较为温暖的地区，冬季能耐0℃以上的温度，如月季、石榴、小叶女贞、对节白蜡等，本书用3颗星表示；不耐寒类树木原产热带或亚热带地区，能耐短期5℃的低温，像三角梅、福建茶、九里香等，本书用1～2颗星表示。

按照对光照要求的不同，树木盆景大致可分为喜阳类、半阴类、喜阴类三种类型。其中，喜阳类盆景喜欢较强烈且充足的阳光，在全日照下才能正常发育和开花结果，如蜡梅、石榴、月季等，本书用4～5颗星表示；半阴类盆景适宜在半阴环境中生长，要求有充足且柔和的阳光，在强光及荫蔽的环境中都生长不良，如六月雪、山茶等，本书用3颗星表示；喜阴类盆景适宜在散射光下生长，不能经受强光照射，否则生长不良，如竹子、杜鹃花等，本书用1～2颗星表示。

本书依据不同植物对水分要求的差异，将浇水指数分为5颗星。1颗星表示有较强的耐旱性，即使有一段时间不浇水，也不会造成较大影响，像玉叶等；2颗星表示短期不浇水不会对植物造成影响，但不能长期干旱；3颗星适于大多数的植物；4颗星表示水分稍有不足就会对植株造成较大影响；5颗星表示极度喜水，略微缺少水分就会影响生长，如竹子等。

本书依据不同植物的习性，将施肥指数分为5颗星。1～2颗星表示，该植物十分耐瘠薄，不施肥或生长期偶尔施些肥就能满足其正常生长；3颗星表示虽然喜肥，但也能耐瘠薄，在土壤肥沃的前提下可不施肥或偶尔施一些肥；4～5颗星表示极度喜肥，生长期应7～10天施一次肥。

松树是对松科松属植物的总称，约有 80 个原生种及大量的园艺种、变种。用于制作盆景的松树要求树干苍老、枝叶紧凑、松针短而密实，经过塑形，能够以小见大，表现出大自然中古松的神采。常用的有黑松及变种锦松，五针松（正名日本五针松）及其变种大阪松，赤松，马尾松（山松），黄山松（正名台湾松）等种类。

马远松趣（张柏云　作）

■ **黑松**

风雷激（韩琦　作）

蛟龙探云（虎丘山风景名胜区管理处　作品）

■ 锦松

展秀（上海植物园　作品）

苍影（郭学新　作）

■ 赤松

涛声（江一平　作）

翠色天涯（石景涛　作）

谦谦君子（彭盛材　作）

**■ 马尾松（山松）**

舞弄风云（韩学年　作）

**■ 黄山松**

青松出岫（陈继忠　作）

舞动云间（张志刚　作）

## ■ 五针松

探海（李明　作）

忆松年（夏国余　作）

迎客（王年初　作）

■ **大阪松**

幽林余音（王永康　作）

清溪松影（孟广陵　作）

翠净秋空（上海植物园　作品）

**问　松树移栽需要注意什么?**

**答**　除普通树桩移栽的常规操作方法外,还应多带宿土或用原土在根部打上泥浆,以保存"松根菌",有利于成活;所保留的枝条上一定要有松针,否则就会出现哪一枝不带松针,哪一枝死亡,全株不带松针,全株死亡的现象。

造型要点　根据松树的自然属性和人文精神，采用蟠扎、拿弯、修剪、嫁接等多种技法，结合桩材自身的特点，制作多种造型的盆景，树冠以自然式、云片式、蘑菇形为主，有时也可采用动式、垂枝式造型，以表现其个性之美。

此外，还要考虑不同种类松树的特点，如黑松、马尾松生长速度快，树干苍古，但针叶较长，可以通过短针法调节；而五针松的叶短枝密，自然成片状，适宜制作云片式造型；赤松枝干自然扭曲，蜿蜒曲折，而黄山松植株矮小，可根据不同特性造型。

**问**　松柏类盆景中常说的"动上不动下"指什么？

**答**　对于松柏类盆景，如果当年要对上面的枝干做较大幅度的造型，就不要翻盆动土了，以免伤及根系，对植株造成不利影响，即"动上（枝干）不动下（根部）"。

黑松、马尾松等种类的松树针叶较长，为使其变短，可用"短叶法"，其做法包括切嫩枝、疏芽、摘老叶。具体操作如下：在 6 ～ 7 月初，将当年生长的新枝全部剪去，再将去年的老针叶剪掉或拔除一部分，只留 4 ～ 6 束。由于植物有自我恢复的功能，第二轮新芽在 8 ～ 9 月又会在枝头生长，可在 9 ～ 10 月将多余的芽疏掉，仅留枝条两侧或水平方向的两个芽。以后随着气候逐渐变冷，抑制了新芽、新叶的生长，11 ～ 12 月剪除剩余的老叶，于是植株就剩下第二轮生长的短针叶了，此时为松树盆景的最佳观赏期。

黑松盆景《奇松遗韵》（席有山　作）

# 金钱松
*Pseudolarix amabilis*

光照指数 ★★★　　　施肥指数 ★★★

浇水指数 ★★★★　　耐寒指数 ★★

小溪幽幽（夏建元　作）

别名水树、金松。松科金钱松属落叶乔木。

**造型要点**　树姿直而挺拔，枝叶自然成云片状，可采用修剪等技法，制作丛林式、水旱式、直干式等造型的盆景，突出其疏朗自然的特点。

牧歌（王惠杰　作）

仇瑛：江头春水绿湾湾（张夷　作）

# 虾夷松
*Picea jezoensis*

| | |
|---|---|
| 光照指数 ★★★ | 施肥指数 ★★ |
| 浇水指数 ★★★ | 耐寒指数 ★★★ |

天地有正气（北京柏盛缘　作品）

　　别名鱼鳞云杉（正名）、鱼鳞杉、鱼鳞松。松科云杉属常绿乔木。

　　**造型要点**　树姿自然优美，出枝均匀，枝叶密集，适宜制作多种造型的盆景，树冠以自然式、云片式为主，而不宜采用垂枝式、动式等造型，以突出树相雄浑、层次分明的特点。

深山对弈（邓文祥　作）

# 罗汉松
*Podocarpus macrophyllus*

光照指数 ★★★★          施肥指数 ★★★

浇水指数 ★★★          耐寒指数 ★★

　　别名罗汉杉、土杉。罗汉松科罗汉松属常绿小乔木。其品种丰富，有大叶罗汉松、短叶罗汉松、雀舌罗汉松、珍珠罗汉松、米叶罗汉松、海岛罗汉松等。另有些品种的新芽、新叶呈金黄色或红色，而且聚拢不散，状若菊花，俗称菊花罗汉松。

　　**造型要点**　枝条柔软、萌发力强，可在休眠期采用蟠扎、修剪相结合的方法制作多种造型的盆景，但少有枯干式和垂枝式、动式等造型。

涛清松雅（马荣进　作）

苍虬（郑伟伟　作）

疏林叠翠（邵海荣　作）

# 柏树
*Cupressaceae* Spp.

光照指数 ★★★★★　　施肥指数 ★★
浇水指数 ★★★　　　　耐寒指数 ★★★★

　　柏树是对柏科植物的统称。盆景中常用的有圆柏及其变种真柏（有系渔川真柏、济州真柏、台湾真柏等品种）、龙柏，以及侧柏、地柏（正名铺地柏）、刺柏、璎珞柏（正名欧洲刺柏）、线柏，石化桧（正名矮扁柏）等。

　　**造型要点**　宜制作多种造型的盆景，其木质坚硬，尤其适合制作舍利干和神枝。树冠根据具体树种而定，如圆柏、真柏、龙柏、刺柏、地柏、侧柏的枝叶密集，以云片式、自然式、蘑菇形为主；璎珞柏、线柏的枝条自然下垂，适合制作垂枝式。

齐鲁柏韵（张新平　作）

夏日舒心（刘丙礼　作）

## ■侧柏

柏鹿图（齐胜利　作）

■圆柏

龙马精神（王寿山 作）

徽韵（谢树俊 作）

龙游翠云（李高峰 作）

■龙柏

翠凝千秋（郝增平 作）

龙柏盆景（徐国杰 作）

# ■真柏

两岸情深（许万明　作）

雄风（张新平　作）

凤舞（李文明　作）

■ 地柏

龙飞凤舞（王炘　作）

叠翠（李贽　作）

■ 刺柏

翠盖拂云（苏州留园管理处　作品）

华夏五千年（乔永林　作）

■ **璎珞柏**

外婆门前柳（王如生　作）

寿（黄士东　作）

■ **线柏**

寿乡映晖（彭朝煊　作）

■ **石化桧**

石化桧（铃木浩之　供图）

石化桧（铃木浩之　供图）

# 二、杂木类盆景

松柏类盆景和花果盆景之外的盆景树种都可以称为杂木类盆景。还有一些树木的花、果虽有着较高的价值，但作为盆景树种，却是以姿态取胜，也可归位杂木类盆景。

| 澳洲杉 *Araucaria heterophylla* | 光照指数 ★★★ | 施肥指数 ★★★ |
| --- | --- | --- |
| | 浇水指数 ★★★ | 耐寒指数 ★★ |

别名异叶南洋杉（正名）、细叶南洋杉、钻叶杉。南洋杉科南洋杉属常绿乔木。

**造型要点**　叶片细小而稠密，根系发达，枝条柔软，易蟠扎，可制作多种造型的盆景，尤其以提根式、蘑菇形、自然式、垂枝式等造型最具特色，很少有枯干式等造型。

山居人家（郑州陈砦花市　作品）

# 榕树
*Ficus microcarpa*

光照指数 ★★★★　　　施肥指数 ★★★
浇水指数 ★★★★　　　耐寒指数 ★

　　桑科榕属常绿乔木。盆景中常用的有细叶榕及其园艺种人参榕，以及黄葛树、六角榕等种类。

　　**造型要点**　树姿古朴苍劲，板根、盘根、气生根极具特色，萌发力强，耐修剪，可采用修剪、蟠扎、嫁接等技法制作提根式、连根式等多种造型的盆景，但很少有垂枝式造型。

魔界（香港趣怡园　作品）

大树底下好乘凉（曾华钧　作）

听涛（陈宗正　作）

翠峰如镞相角雄（高超　作）

# 黄杨
*Buxus sinica*

| 光照指数 ★★★★ | 施肥指数 ★★ |
| 浇水指数 ★★★ | 耐寒指数 ★★ |

别名小叶黄杨、千年矮。黄杨科黄杨属常绿灌木或小乔木。同属植物金柳黄杨、雀舌黄杨、珍珠黄杨等也常用于制作盆景。

造型要点 叶片细小而稠密，枝条柔软，易蟠扎，可制作多种造型的盆景，尤其以云片式、蘑菇形、自然式等造型最具特色，很少有枯干式、垂枝式等造型。

碧云竞秀（李晓 作）

春漫云岭（周宽祥 作）

忆江南（杨光木 作）

太白遗风（龙川盆景艺苑 作品）

嘉年华（康传健 作）

唐风汉韵（吴松恩 作）

**问 黄杨真的"无叶不发"吗？**

答 "无叶不发"是指黄杨没有叶子的枝条不会发芽。其实这种说法并不全面，在气候相对寒冷、干燥的北方地区，如果保温保湿工作不到位，无叶的黄杨枝条是很难发芽的，但不一定会死，只要温度、湿度合适，适当逼芽，也还是会发芽展叶的。

## 苏铁
*Cycas revoluta*

| | |
|---|---|
| 光照指数 ★★★★★ | 施肥指数 ★★ |
| 浇水指数 ★★★ | 耐寒指数 ★★★ |

苏铁科苏铁属常绿植物。其种类很多，不少叶片不大、树干古雅的种类都可制作盆景，如石山苏铁、白鳞铁等。

**问** 苏铁盆景为什么要浇黑矾水？

**答** 这是为了增加苏铁对铁元素的吸收，使其叶色黑绿光亮。可在浇水或施肥时加入些硫酸亚铁（黑矾），也可在土壤内掺少量的铁屑。

**造型要点** 因树干粗直，少有分枝，不宜采用蟠扎、修剪等技法造型，只需选择适宜的角度植于盆中即可。

南国风光（韩琦 作）

野趣（黄雅笙 作）

铁树盆景（李魏巍 作）

# 大叶黄杨
*Euonymus japonicus*

光照指数 ★★★★★ 施肥指数 ★★
浇水指数 ★★★ 耐寒指数 ★★★★

别名冬青卫矛（正名）、正木、冬青。卫矛科卫矛属常绿灌木或小乔木。

**造型要点** 枝条柔软，萌发力强，可采用蟠扎、修剪等技法，制作不同造型的盆景，因其叶片较大，制作垂枝式、动式盆景效果不是很理想。

绿云（李大勇　作）

沧桑岁月（杨自强　作）

## 扶芳藤
*Euonymus fortunei*

| | |
|---|---|
| 光照指数 ★★★★ | 施肥指数 ★★ |
| 浇水指数 ★★★ | 耐寒指数 ★★★ |

别名爬行卫矛。卫矛科卫矛属常绿灌木或小乔木。

**造型要点** 有着较长的茎干，可通过锯截等方法保留有造景价值的部分，采用修剪与蟠扎相结合的方法制作不同造型的盆景，尽量不采用与树种特色不相符的垂枝式、枯干式等造型。

雄视千里（姜拥军　作）

翠怀纵览山前月（徐国杰　作）

# 南蛇藤
*Celastrus orbiculatus*

光照指数 ★★★★　　　　施肥指数 ★★★

浇水指数 ★★★　　　　　耐寒指数 ★★

南蛇藤（吴吉成　作）

别名金银柳、金红树、过山风。卫矛科南蛇藤属落叶藤状灌木。

造型要点　根系虬曲发达，适宜制作以根带干式、提根式等造型的盆景；其枝条柔软，萌发力强，可采用修剪、蟠扎相结合的方法，塑造紧凑的自然形、蘑菇形树冠。

南蛇藤（汪益　作）

# 赤楠
*Syzygium buxifolium*

| | |
|---|---|
| 光照指数 ★★★ | 施肥指数 ★★ |
| 浇水指数 ★★★ | 耐寒指数 ★★ |

别名红杨、千年矮。桃金娘科蒲桃属常绿灌木或小乔木。有赤楠、三叶赤楠（别名小叶赤楠）等种类，也可制作盆景。

**造型要点** 树姿桩奇特多姿，叶片细小而稠密，适宜制作多种造型的盆景，但不宜制作垂枝式。若做舍利干造型，应保持木质的原色，以表现其自然美。

赣江雄风（王忠发　作）

神龙之春（田世义　作）

一弯新月照九州（陈楚京　作）

古木逢春（王忠发　作）

# 蚊母
*Distylium racemosum*

光照指数 ★★★★　　施肥指数 ★★
浇水指数 ★★★　　　耐寒指数 ★★

金缕梅科蚊母树属常绿灌木或中小乔木。用于制作盆景的有小叶蚊母、中华蚊母等。

**造型要点**　具有枝条柔软，萌发力强等特点，可根据树桩形态，结合树种特色，制作除垂枝式以外多种造型的盆景。

中华蚊母盆景（夏建元　作）

思齐（黄晓欣　作）

故乡的风（单凌飞　作）

# 福建茶
## *Carmona microphylla*

光照指数 ★★★　　　施肥指数 ★★
浇水指数 ★★★★　　耐寒指数 ★

　　别名基及树（正名）。紫草科基及树属常绿灌木。有大叶、中叶、小叶之分。其中小叶福建茶植株矮小虬曲，叶小，制作盆景效果最好。

　　**造型要点**　具有耐修剪、易蟠扎等特点，但由于植株相对矮小，多用于制作中小型或微型盆景。

斗罢罡风（陆志伟　作）

同林鸟（流花湖公园　作品）

福建茶（黄就成　作）

构建和谐（王国英　作）

古茶春晓（劳杰林　作）

# 小叶女贞
*Ligustrum quihoui*

| | |
|---|---|
| 光照指数 ★★★★★ | 施肥指数 ★★★ |
| 浇水指数 ★★★ | 耐寒指数 ★★★ |

别名小叶冬青、小白蜡、楝青。木樨科女贞属常绿或半落叶灌木或小乔木。有花叶女贞、米叶女贞、米叶冬青（简称米冬）等品种，近似种有水蜡等也常用于制作盆景。

**造型要点** 枝叶小而稠密，耐修剪，易蟠扎，可根据树桩的形态，结合树种特点，制作不同造型和规格的盆景。

清荫滴翠（王胜利 作）

小叶女贞盆景（边长武 作）

花叶女贞盆景（许宏伟 作）

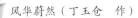

风华蔚然（丁玉仓 作）

# 对节白蜡

*Fraxinus hubeiensis*

光照指数 ★★★★★　　施肥指数 ★★

浇水指数 ★★★　　　　耐寒指数 ★★★

　　别名湖北梣（正名）、湖北白蜡。木樨科梣属落叶乔木。

　　**造型要点**　有着"盆景之王"的美誉，生长迅速，耐修剪，宜蟠扎，适合制作多种造型的盆景。

原野牧歌（张剑钧　作）

沧桑岁月（熊松荣　作）

楚韵（曹军　作）

蓦然回首（刘永辉　作）

# 尖叶木樨榄
*Olea europaea subsp. cuspidata*

光照指数 ★★★★★　　施肥指数 ★★
浇水指数 ★★★　　　　耐寒指数 ★

别名锈鳞木樨榄（正名）、吉利树，在原产地云南、广西等地俗称"鬼柳""木西兰"。木樨科木樨榄属常绿灌木或小乔木，是油橄榄的变种。

盛气凌人（普发春　作）

造型要点　树姿古朴苍劲，萌发力强，适合制作除垂枝式以外的多种造型盆景。

虬柯铁骨（沐仕鹏　作）

# 博兰
*Blachia siamensis*

光照指数 ★★★★★　　施肥指数 ★★★

浇水指数 ★★★　　耐寒指数 ★

别名海南留萼木（正名）。大戟科留萼木属常绿灌木。

**造型要点** 叶片细小而稠密，枝干苍劲多姿，根系发达，耐修剪，易蟠扎，适合制作多种造型的盆景，但耐寒性较差，不适宜在北方种植。

龙行天下（钟辉 作）

天涯雄风（刘家利 作）

阅历风貌（庄振良 作）

鹤舞（吴成发 作）

# 小石积
*Osteomeles anthyllidifolia*

光照指数 ★★★★　　施肥指数 ★★

浇水指数 ★★★　　耐寒指数 ★

蔷薇科小石积属落叶或半常绿灌木。盆景中常用的有华西小石积及其变种小叶华西小石积、圆叶小石积（日本称姬山椒）等。

唐风宋韵（陈治辛　作）

如沐甘露（香港盆景界雅石学会　作品）

**造型要点**　枝条修长，柔韧性好，最适宜制作垂枝式盆景。此外，其自然式、蘑菇形等造型的树冠也很有特色。

小石积盆景（香港趣怡园　作品）

春晖（何树雄　作）

# 红牛
*Scolopia chinensis*

| | |
|---|---|
| 光照指数 ★★★★ | 施肥指数 ★★ |
| 浇水指数 ★★★ | 耐寒指数 ★ |

别名箣柊（正名）。大风子科箣柊属常绿灌木或小乔木。

红牛盆景（廖开文　作）

**造型要点**　具有萌发力强、耐修剪等特点，适合制作多种造型的盆景，但不适宜制作垂枝式。造型时应尽量利用树桩原有的枝托，以加快成型速度。

灵妙绝伦（罗志杰　作）

# 柞木
*Xylosma congesta*

光照指数 ★★★★★        施肥指数 ★★
浇水指数 ★★★         耐寒指数 ★★★

别名刺冬青。大风子科柞木属常绿大灌木或小乔木。

**造型要点**  枝条柔韧性好，萌发力强，可采用修剪、蟠扎相结合的方法，制作不同造型的盆景，但不宜作垂枝式等造型。

魅绿（雷平　作）

柞木盆景（朱天才　作）

# 黄栌
*Cotinus coggygria*

| 光照指数 ★★★★★ | 施肥指数 ★★ |
| 浇水指数 ★★★ | 耐寒指数 ★★★★ |

别名欧黄栌（正名）、烟树、灰毛黄栌。漆树科黄栌属落叶灌木。变种红叶也常用于制作盆景。

**造型要点** 可根据树桩的形态，采取改变种植角度、修剪、蟠扎等技法，制作多种造型的盆景，又因其叶片较大，树冠多为自然式。

崖上翠色（郑州市碧沙岗公园 作品）

**问** 如何使黄栌的叶子红艳动人？

**答** 可在每年立秋后将全部的叶片摘除，随后喷施一次0.3%的尿素，给予充足的阳光，并加强水肥管理，7天左右就会有新的叶片长出，到了晚秋至初冬，小而厚实的叶片由绿转红，鲜艳夺目，颇具"霜叶红于二月花"的意境。

秋韵（马建新 作）

卧看苍穹（杨海峰 作）

# 清香木
*Pistacia weinmanniifolia*

光照指数 ★★★★★　　施肥指数 ★★
浇水指数 ★★★　　　　耐寒指数 ★

别名细叶楷木、香叶子。漆树科黄连木属常绿灌木或小乔木。

**造型要点**　树桩奇特而富有变化，萌发力强，枝条柔韧性好，可采取修剪与蟠扎相结合的方法，制作不同造型的盆景。

只手擎天（王昌　收藏）

峥嵘如歌（普发春　作）

# 胡椒木
*Zanthoxylum beecheyanum*

光照指数 ★★★★　　施肥指数 ★★

浇水指数 ★★★　　耐寒指数 ★

别名琉球花椒（正名）、台湾胡椒木。芸香科花椒属常绿灌木。

造型要点　植株不大，根系发达，叶片细小而稠密，适合制作小型或微型盆景，但不宜制作舍利干、垂枝式等造型的盆景。

胡椒木盆景（袁振威　作）

胡椒木盆景（彭建华　作）

# 两面针
*Zanthoxylum nitidum*

| | |
|---|---|
| 光照指数 ★★★★★ | 施肥指数 ★★ |
| 浇水指数 ★★★ | 耐寒指数 ★ |

别名两背针、入地金牛。芸香科花椒属常绿植物。

回眸（何韵发　作）

南国三月（黄震宇　作）

造型要点　茎干虬曲多姿，最适宜表现山野古木潇洒清逸的韵味，通过修剪逐步完善树形，再通过蟠扎调整枝条的走势，使之成形。

跃韵（彭盛添　作）

# 九里香
*Murraya exotica*

| 光照指数 ★★★★★ | 施肥指数 ★★ |
| 浇水指数 ★★★ | 耐寒指数 ★ |

别名月橘。芸香科九里香属常绿灌木或小乔木。

**造型要点** 树干色彩淡雅、虬曲多姿，造型方法以修剪为主、蟠扎为辅，并结合截干蓄枝等技法，做灵活处理，使作品疏密有致、富有画意。

漓江春水（黄泽明　作）

鹏程万（陈兆鹏　作）

焯焯风姿香九里（曾安昌　作）

苍龙奔江（吴成发　作）

# 黑骨茶

*Diospyros vaccinioides*

光照指数 ★★★★　　　施肥指数 ★★

浇水指数 ★★★　　　　耐寒指数 ★

别名小果柿（正名）、黑骨香。柿科柿属常绿矮灌木。

黑骨茶盆景（林伟栈　作　王志宏　供图）

**造型要点**　虽然萌芽力较强，但枝干增粗缓慢，造型时应尽量利用原有的枝条，通过修剪、蟠扎相结合的方法，制作不同形式的盆景。

**问　黑骨茶是小叶紫檀吗？**

**答**　黑骨茶的木质细腻黝黑，常被称为"黑檀""紫檀""小叶紫檀"。而实际上真正的黑檀、紫檀、小叶紫檀均为豆科植物，因其资源稀缺，叶大、干直无姿等多种因素，几乎没有用于制作盆景的。花市上被称为"小叶紫檀"的均为黑骨茶。

黑骨茶（陈伟南　作　王志宏　供图）

# 象牙树
*Diospyros ferrea*

光照指数 ★★★★★　　施肥指数 ★★
浇水指数 ★★★　　　　耐寒指数 ★

别名象牙木、琉球黑檀、乌皮。柿科柿属常绿乔木。

**造型要点**　木质坚硬，色泽黝黑，枝叶密集，生长缓慢，除舍利干、垂枝式外，可制作多种造型的盆景。

泄翠（金祥春　作）

象牙树（嘉盛园艺　作品　王志宏　供图）

# 铁马鞭
*Rhamnus aurea*

光照指数 ★★★★★　　施肥指数 ★★
浇水指数 ★★★　　　　耐寒指数 ★

别名云南鼠李（正名）、黑刺、石梅。鼠李科鼠李属常绿灌木。

探幽（郭纹辛　作）

　　**造型要点**　因其生长缓慢，应尽量利用原有的枝条造型，并注意彰显其枝干苍劲、叶片秀美鲜亮的特点。

苍翠（车小伍　作）

# 雀梅

*Sageretia thea*

光照指数 ★★★★★　　施肥指数 ★★

浇水指数 ★★★　　　　耐寒指数 ★★★

别名雀梅藤(正名)、对节刺、刺冻绿、碎米子、酸味。鼠李科雀梅藤属攀缘性落叶植物。有大叶、中叶、小叶、细叶之分，其中小叶雀梅、红芽细叶雀梅制作盆景效果最好。

**造型要点**　耐修剪，宜蟠扎，可根据树桩形态，采用截干蓄枝等方法，通过不断修剪，使枝干棱角分明，形成密集而富有层次的树冠。

寻梅（吴成发　作）

铁骨丹心（董平　作）

圆梦故乡（花良海　作）

## 问　如何防治雀梅退枝？

**答**　雀梅容易退枝，经过多年培养，已经成型的大枝、粗枝往往会不明不白地干枯，因此雀梅又有"功成身退"的别名，养护中应注意观察水路是否畅通、是否有病虫害发生，一旦发现，要及时解决。

盛世丰年（钱长生　作）

# 寿娘子
*Premna serratifolia*

光照指数 ★★★★★　　施肥指数 ★★
浇水指数 ★★★　　　　耐寒指数 ★

别名伞序臭黄荆（正名）、臭娘子。唇形科（原为马鞭草科）豆腐柴属常绿灌木或小乔木。

**造型要点**　枝干古雅，适宜以舍利干的形式表现其历尽沧桑，依旧生机盎然的风采。由于枝叶较为密集，树冠要分出层次，切不可"一团绿"，使得作品呆板。

寿娘子（印尼江职宏　王志宏　供图）

寿娘子（印尼江职宏　王志宏　供图）

# 黄荆
*Vitex negundo*

| | |
|---|---|
| 光照指数 ★★★★★ | 施肥指数 ★★ |
| 浇水指数 ★★★ | 耐寒指数 ★★★★★ |

故土飞歌（刘秀根 作）

　　唇形科（原为马鞭草科）牡荆属落叶灌木或小乔木。其变种牡荆、荆条也被称为"黄荆"，用于制作盆景。

　　**造型要点**　树桩奇特多姿，耐修剪，宜蟠扎，可根据桩子的具体形态，制作多种造型的盆景。其叶片较大，可通过控水、摘叶等措施，使之变得细小而稠密，形成云片式或自然式树冠。

苍荆溢趣（付士平 作 张强 供图）

峥嵘岁月（何瑞兴　作）

风骨（丁玉仓　作）

玉树临风（雷天舟　作）

# 柽柳
## *Tamarix chinensis*

| | |
|---|---|
| 光照指数 ★★★★★ | 施肥指数 ★★★ |
| 浇水指数 ★★★ | 耐寒指数 ★★★★★ |

别名三春柳、观音柳、红柳。柽柳科柽柳属落叶灌木或小乔木。

造型要点　根据树桩的形态，选择适宜的种植角度，并利用枝条柔韧性好、萌发力强等特点，采用修剪与蟠扎相结合的方法造型。树冠以仿垂柳型垂枝式、仿松树型云片式最具代表性。

柳荫牧马（贾瑞东　作）

## ■ 仿垂柳型垂枝式

黄河故事（马建新　作）

溪林牧歌（朱金水　作）

仿松树型云片式

傲立苍穹（马建新　作）

少林雄风（杨自强　作）

# 榔榆
*Ulmus parvifolia*

| | |
|---|---|
| 光照指数 ★★★★★ | 施肥指数 ★★★ |
| 浇水指数 ★★★ | 耐寒指数 ★★★★ |

山林雅趣（胡春方　作）

别名小叶榆、秋榆、掉皮榆。榆科榆属落叶乔木。需要指出的是在盆景展及市场上标注为"榆树"的盆景基本为榔榆，这是因为真正的榆树叶大，根干也缺少苍古之气，很少用于制作盆景。

**造型要点**　修剪后的伤口会有黏性树液流出，可用蜡、漆、植物伤口愈合剂封住较大的伤口，以免树液流出过多影响成活率。其造型虽然丰富，但不宜采用垂枝式。生长多年的榔榆桩头嶙峋多姿，具有山石的地貌形态，可将上面萌发的枝条培养成小树，形成"独木成林"的景观。

吼（史运福　作）

行云流水（肖其寿　作）

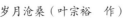

岁月沧桑（叶宗裕　作）

# 朴树
*Celtis sinensis*

光照指数 ★★★★★　　施肥指数 ★★
浇水指数 ★★★　　耐寒指数 ★★★★

别名沙朴、朴榆，在岭南盆景中称"相思"。榆科朴属落叶乔木。

**造型要点**　可采用修剪、蟠扎等多种技法，利用根、干、枝在树势中的优势，制作出刚健苍古、富于变化的盆景。

八美争春（叶铭煊　作）

岁月艰辛情愈浓（黄就朋　作）

抱定青山已忘年（周志英　作）

碣石临风（邓文祥　作）

# 榉树
*Zelkova serrata*

| | |
|---|---|
| 光照指数 ★★★★★ | 施肥指数 ★★ |
| 浇水指数 ★★★ | 耐寒指数 ★★★★ |

别名大叶榉、毛脉榉、金丝槭。榆科榉属落叶乔木。

**造型要点** 树干直而挺拔，树皮光滑，多分枝，可利用这个特点，制作直干式、大树形、丛林式、树石式等造型的盆景。

榉树盆景（汪益 作）

榉树（郑志林 作）

# 青檀
*Pteroceltis tatarinowii*

光照指数 ★★★★★　　　　施肥指数 ★★★

浇水指数 ★★★　　　　耐寒指数 ★★★★

别名翼朴。榆科青檀属落叶乔木。

造型要点　具有木质细密、叶片青翠、枝干苍劲等特点，可用修剪、蟠扎相结合的方法，制作不同造型的盆景。

露的思考（平顶山市园林处盆景园　作品）

万寿榆的传（刘秀根　作）

# 水杨梅
*Adina rubella*

光照指数 ★★★★★　　施肥指数 ★★

浇水指数 ★★★★　　耐寒指数 ★★★

别名细叶水团花（正名）、水杨柳。茜草科水团花属落叶小灌木。

**造型要点**　老桩嶙峋古朴，特别适合制作枯干式、以根带干式等造型的盆景，可采用修剪、蟠扎、提根相结合的方法，将树冠塑造成自然式或云片式，但不宜采用垂枝式。

会当凌绝顶（伞志民　作）

水杨梅盆景（韩建彬　作）

挺立惟恐招人妒（伞志民　作）

# 三角枫
*Acer buergerianum*

| | |
|---|---|
| 光照指数 ★★★★★ | 施肥指数 ★★ |
| 浇水指数 ★★★ | 耐寒指数 ★★★★ |

别名三角槭（正名），日本称"唐枫"。槭树科槭属落叶乔木。

**造型要点**　枝条生长速度快，宜在其木质化之前蟠扎。其造型过程是边修剪、边蟠扎、边牵拉，如此反复进行，等整个树桩基本定型后，再以修剪为主，并提根，塑造出苍劲古雅、姿态万千的盆景。

云林逸景（张延信　作　王志宏　摄）

奔腾急（刘胜才　作）

梦（周修机　作）

舞者（黄静　作）

## 红枫
*Acer palmatum 'Atropurpureum'*

光照指数 ★★★　　　施肥指数 ★★

浇水指数 ★★★　　　耐寒指数 ★★★

**问**　如何使红枫的叶子靓丽可爱？

**答**　红枫最美的时候是新叶刚长出时，为增加观赏性，可在每年的6月、9月各进行一次摘叶，夏天如果叶片被烈日晒焦，可在8月将焦叶摘除。摘叶前一周施一次肥，摘叶后加强水肥管理，15～20天就可长出鲜嫩的新叶。

槭树科槭属落叶植物，鸡爪槭（枫树）的变种，有红千鸟、山红叶等品种。叶色除红色外，还有绿、橙、黄等颜色。

知秋（陈冠军　作）

如醉（张延信　作）

红枫盆景（王严华 作）

造型要点 叶色红艳，最适合表现"枫林醉染"的神韵。因其叶片较大，可用修剪为主、蟠扎为辅的方法，将树冠塑造得高低协调，自然飘逸。

秋山论道
（张延信 作）

# 络石
*Trachelospermum jasminoides*

光照指数 ★★★★    施肥指数 ★★

浇水指数 ★★★    耐寒指数 ★★★

别名万字茉莉、万字花、石龙藤。夹竹桃科络石属常绿木质藤本植物，有大量的园艺栽培种及变种，适合制作的盆景有络石、小叶络石、花叶络石，以及从日本引进的缩缅葛（小叶络石的一个品种）等。

造型要点　由于是藤本植物，造型时应考虑树种特色，在自然式树冠的基础上，适当保留一些长枝，使作品富有飘逸感；对于缩缅葛等枝叶密集的品种，可采用修剪的方法，将树冠塑造成云片式、蘑菇形。

苍梧碧秀（赵建明　作）

缩缅葛盆景（铃木浩之　提供）

络石盆景（陈冠军　作）

# 爬山虎
## *Parthenocissus tricuspidata*

| | |
|---|---|
| 光照指数 ★★★★★ | 施肥指数 ★★ |
| 浇水指数 ★★★ | 耐寒指数 ★★★★ |

别名地锦（正名）、爬墙虎。葡萄科地锦属藤本落叶植物。

秋韵（卫正军　作）

**造型要点**　根系虬曲发达，茎干较长，可截取有造景价值的部分进行培养，并考虑保留一些藤子，既有树种特色，又增加了作品的飘逸感。

爬山虎盆景（兑宝峰　作）

爬山虎盆景（戴月　作）

# 南天竹
*Nandina domestica*

| | |
|---|---|
| 光照指数 ★★★ | 施肥指数 ★★ |
| 浇水指数 ★★★★ | 耐寒指数 ★★★ |

小檗科南天竹属常绿灌木。

**造型要点** 根系虬曲多姿，可制作以根带干式、提根式、连根式等造型的盆景；枝干较直，不宜蟠扎，剪除杂乱的枝条即可；树冠可模仿竹子，彰显其自然清雅的特点。

南天竹（王小栓 作）

南天竹盆景（敲香斋 作）

南天一秀（李德萍 作）

# 何首乌
*Pleuropterus multiflorus*

光照指数 ★★★★★　　　施肥指数 ★★
浇水指数 ★★　　　　　　耐寒指数 ★★★

别名多花藤、紫乌藤、九真藤。蓼科何首乌属藤本植物。

把酒话桑麻（刘敬宏　作）

**造型要点**　虽然有硕大的块根，但藤蔓细弱，几乎形不成明显的主干，造型时可考虑采取以块根替代主干的方法，或利用块根肥大，形似顽石的特点进行造型。展叶后注意修剪，使之层次分明、婆娑自然。栽种时一定要保留一段茎枝，否则难以发芽。

绿荫婆娑（李宗耀　作）

# 芙蓉菊
*Crossostephium chinense*

光照指数 ★★★★★　　施肥指数 ★★

浇水指数 ★★★　　耐寒指数 ★★★

别名雪艾。菊科芙蓉菊属常绿亚灌木。

**造型要点**　以修剪为主、蟠扎为辅，先用扎丝将主干、主枝、侧枝蟠扎出基本形态，再做适当修剪，使之成形。还可利用其伤口愈合快的特点，将多余的枝条从基部带皮撕下，愈合后自然古朴，毫无人工痕迹。

黄山笑迎天下客（王武传　作）

瑞雪兆丰年（王桂玲　作）

# 玉叶
*Portulacaria afra*

| 光照指数 ★★★★★ | 施肥指数 ★★ |
| 浇水指数 ★ | 耐寒指数 ★★ |

别名树马齿苋（正名），商品名"金枝玉叶"。马齿苋科马齿苋树属多肉植物。

**造型要点** 可根据创作意图，结合树种的自身特点，采取修剪与蟠扎相结合的方法，制作不同造型的盆景。因其是多肉植物，蟠扎时不要将金属丝勒进表皮，以免造成肉质茎撕裂。

吐翠（魏玉坤 作）

崖壁涌翠（唐庆安 作）

玉树临风（聂少魁 作）

# 竹子
*Bambusoideae Nees*

| | |
|---|---|
| 光照指数 ★★★ | 施肥指数 ★★ |
| 浇水指数 ★★★★★ | 耐寒指数 ★★ |

竹子是对禾本科竹亚科多年生常绿植物的统称。制作盆景的竹子要求植株低矮、株型紧凑、叶片细小，大型竹子要经过矮化处理后才可使用。

清溪竹影（许代明 作）

造型要点 宜表现竹子自然清雅的韵味或葳蕤茂盛的竹林风光，还可根据素材特点追求创意，制作悬崖式、临水式、提根式等造型的盆景。注意其整体性、完整性、生命性，不要像中国竹画那样截取一枝一叶的局部特写进行放大，应做到疏密有致、挺秀萧疏、竿形挺拔而不僵直。

禅（敲香斋 作品）

竹子盆景（郑永泰 作 刘少红 供图）

# 熔岩酢浆草
*Oxalis vulcanicola*

| | |
|---|---|
| 光照指数 ★ ★ ★ ★ ★ | 施肥指数 ★ ★ ★ |
| 浇水指数 ★ ★ ★ | 耐寒指数 ★ ★ |

别名小红枫、小红枫酢浆草。酢浆草科酢浆草属多年生草本植物。

多彩山（兑宝峰　作）

　　**造型要点**　由于是草本植物，茎较脆，易折断，不宜蟠扎，可通过改变种植角度、修剪，利用植物的趋光性、向上生长的习性等方法制作盆景，并避免采用提根式、垂枝式等与植物自身属性不符的造型。

秋江渔歌（兑宝峰　作）

# 三、花果类盆景

花果类盆景是对以花、果为观赏主体的盆景的统称。通常人们对其树种要求花、果不大，但稠密、量大，如此才能以小见大，表现出大树繁花似锦、果实累累的风采。但艺术是允许夸张的，因此月季、山茶以及梨、苹果、木瓜、柿子、石榴等花大果大的植物也就走进了盆景的殿堂。

| 梅花 *Prunus mume* | 光照指数 ★★★ | 施肥指数 ★★★ |
| --- | --- | --- |
| | 浇水指数 ★★★ | 耐寒指数 ★★★ |

别名干枝梅、春梅。蔷薇科李属（原为杏属）落叶灌木或小乔木。

**造型要点**　耐修剪，易蟠扎，可采取多种技法造型。其风格应呈多元化发展，或疏影横斜，或古雅清奇，或繁花似锦，还可与松树、竹子合栽于一盆，谓之"岁寒三友"。

疏梅唤客（郑州市西流湖公园　作品）

贵妃醉酒（冯炳伟　作）

西风烈（冯炳伟　作）

梅舞（郑州植物园　作品）

# 木瓜
*Pseudocydonia sinensis*

光照指数 ★★★★★　　施肥指数 ★★★
浇水指数 ★★★　　耐寒指数 ★★★★

　　别名榠楂，日本称"花梨"。蔷薇科木瓜属落叶灌木或小乔木。

　　**造型要点**　可采用修剪、蟠扎、牵拉、提根等方法制作多种造型的盆景，但不宜制作垂枝式。对于较大的伤口应做适当修饰，使之自然和谐。

迎宾（王会选　作）

任重道远（李辉　作）

# 木瓜海棠
*Chaenomeles cathayensis*

| | |
|---|---|
| 光照指数 ★★★★★ | 施肥指数 ★★★ |
| 浇水指数 ★★★★ | 耐寒指数 ★★★★ |

别名毛叶木瓜、光皮木瓜。蔷薇科木瓜海棠属（原为木瓜属）落叶灌木。近似种贴梗海棠（别名皱皮木瓜）、华丽木瓜（别名傲大贴梗海棠）等也常用于制作盆景。

**造型要点** 幼树以蟠扎为主，老桩则根据树桩的具体形态进行造型，并注意整体造型的自然和谐。有人将树干加工成几个弯，谓之"游龙式"，不仅缺乏自然气息，而且千篇一律。

独秀（郑州市碧沙岗公园　作品）

春韵（郑州市碧沙岗公园　作品）

秋实（王小军　作）

探幽（王小军　作）

# 长寿梅
*Chaenomeles japonica 'chojubai'*

| | |
|---|---|
| 光照指数 ★★★★ | 施肥指数 ★★★★ |
| 浇水指数 ★★★ | 耐寒指数 ★★★ |

日本海棠的园艺种。蔷薇科木瓜海棠属落叶矮灌木，有红花和白花两个品种。

**造型要点** 根系发达，丛生性强，枝叶密集，可采取修剪、蟠扎、提根相结合的方法制作不同造型的盆景，树冠要求紧凑而富有层次感，以自然式、蘑菇形为主。

长寿梅（郑州市碧沙岗公园　作品）

长寿梅（铃木浩之　供图）

长寿梅（铃木浩之　供图）

# 苹果
*Malus pumila*

光照指数 ★★★★★  施肥指数 ★★★

浇水指数 ★★★  耐寒指数 ★★★★

蔷薇科苹果属落叶乔木。品种很多，可选择那些植株不大、结果早、自花授粉结实能力强、果实大小适中的品种制作盆景。

造型要点　枝干为柔软，可塑形强，可以采用蟠扎、修剪、提根相结合的办法，塑造或疏朗、或下垂、或丰满、或自然的树冠，使之与累累的果实相映成趣。

对弈金秋（李彦民、查新生　作）

苹果盆景（玉山　摄影）

玉果横出（查新杰、李彦民　作）

# 冬红果
*Malus 'Donghongguo'*

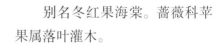

光照指数 ★★★★★　　　施肥指数 ★★★

浇水指数 ★★★　　　　　耐寒指数 ★★★★

别名冬红果海棠。蔷薇科苹果属落叶灌木。

**造型要点** 当年生枝条较为柔软，造型方法以蟠扎为主、修剪为辅，并进行提根，使之苍老古雅。由于叶片较大，树冠宜采用自然式或垂枝式。

马陵秋色（苏北盆景联盟　作品）

秋实（杨自强　作）

冬红果盆景（袁明　作）

# 垂丝海棠
*Malus halliana*

光照指数 ★★★★★　　　施肥指数 ★★★

浇水指数 ★★★　　　　　耐寒指数 ★★★★

蔷薇科苹果属落叶小乔木。近似种海棠花、西府海棠及北美海棠系列品种等也常用于制作盆景。

**造型要点**　通过改变树桩的种植角度，确定基本树势，先修剪出盆景的基本骨架，再培养小枝，并用铝丝等调整其走势，使树冠疏朗自然，展现其开花时摇曳生姿、妩媚动人的娇态。

■ 垂丝海棠

春韵（郑州市碧沙岗公园　作品）

春意盎然（王小军　作）

**西府海棠**

西府海棠盆景（郑州市碧沙岗公园　作品）

**北美海棠**

北美海棠盆景
（郑州市碧沙岗公园　作品）

北美海棠盆景（郑州市碧沙岗公园　作品）

# 梨
*Pyrus bretschneideri*

| | |
|---|---|
| 光照指数 ★★★★★ | 施肥指数 ★★★ |
| 浇水指数 ★★★ | 耐寒指数 ★★★★ |

又名白梨（正名）。蔷薇科梨属落叶乔木或灌木。除白梨外，黄金梨、红啤梨、爱宕梨、棠梨、豆梨、沙梨等种类的梨也常用于制作盆景。

**造型要点** 树干粗而质硬，可通过改变种植角度使树干造型完美。采用修剪、蟠扎等技法，塑造自然疏朗的树冠，彰显其果实的丰美。

■ 梨

秋实（杨自强 作）

玉树临风（查新杰、刘军 作）

春华秋实（梁家强 作）

■ 棠梨

棠梨盆景（王小军 作）

棠梨盆景（李宗耀 作）

■ 豆梨

藤（徐州市果树盆艺园 作品）

# 平枝枸子
## *Cotoneaster horizontalis*

光照指数 ★★★★　　　施肥指数 ★★★

浇水指数 ★★★　　　　耐寒指数 ★★★

别名铺地蜈蚣、枸子木。蔷薇科枸子属常绿或落叶小灌木。同属植物小叶枸子、灰枸子等也常用于制作盆景。

彩云（谭永林　作）

秋江美景（严忠仁　作）

**造型要点**　树干细而修长，柔韧性好，枝叶萌发力强，因其植株不大，多用于制作中小型盆景或丛林式盆景。

岭上人家（郝好　作）

# 火棘
*Pyracantha fortuneana*

| | |
|---|---|
| 光照指数 ★★★★★ | 施肥指数 ★★★ |
| 浇水指数 ★★★ | 耐寒指数 ★★★ |

别名火把果、救军粮、状元红。蔷薇科火棘属常绿灌木。

**造型要点**　根、干苍劲古雅，叶片细小而稠密，可采用修剪与蟠扎相结合的技法，制作不同造型的盆景。果子成熟之时，老干、绿叶、红果相得益彰，美不胜收。

火棘盆景（张强　作）

状元红（王礼宾　作）

奔月（苟贤良　作）

苗岭金秋（熊芳、杜仲君　作）

# 山楂
*Crataegus pinnatifida*

光照指数 ★★★★★　　　施肥指数 ★★★

浇水指数 ★★★　　　　　耐寒指数 ★★★★

蔷薇科山楂属植物。盆景中常用的有山楂及其变种山里红，还有野山楂、红花山楂等。

**造型要点**　根据山楂的种类进行造型，如山里红的植株、叶片、果实都较大，树冠宜采用自然式；对于根系发达，叶片和果实较小的野山楂，宜制作紧凑的蘑菇形、自然形树冠，并进行提根，使作品古雅苍劲。

红石崖上红霞飞（伊龙　作）

野山楂盆景
（铃木浩之　供图）

山楂盆景（李宗耀　作）

山楂盆景（朱金水　作）

# 月季花
*Rosa chinensis*

光照指数 ★★★★★　　施肥指数 ★★★★
浇水指数 ★★★　　　　耐寒指数 ★★★

蔷薇科蔷薇属常绿或半常绿、落叶灌木。同属中的近似种蔷薇，甚至玫瑰也可用于制作盆景。

造型要点　萌发力强，但树皮易撕裂，可通过改变种植角度、修剪等方法，制作不同造型的盆景，但不宜制作垂枝式等与月季自然属性不符的造型。

锦绣（王小军　作）

春韵（玉山　摄影）

望月（王小军　作）

洒向人间都是爱
（郑州市绿城广场　作品）

## 石斑木
*Rhaphiolepis indica*

光照指数 ★★★★　　　施肥指数 ★★
浇水指数 ★★★　　　耐寒指数 ★

别名春花、雷公树。蔷薇科石斑木属常绿灌木或小乔木。有大叶、中叶、小叶之分，其中小叶种最适合做盆景。

**造型要点**　由于侧根较少，最好用生根药剂处理，以促进生根。其萌发力和枝条的柔韧性都很好，可采用修剪与蟠扎相结合的方法制作不同造型的盆景。

春醉（曾宪烨　作　王志宏　供图）

脱俗（韩学年　作　李琴　供图）

## 杜鹃
*Rhododendron simsii*

光照指数 ★★★　　　　施肥指数 ★★
浇水指数 ★★★　　　　耐寒指数 ★★

　　杜鹃花科杜鹃花属常绿或落叶灌木。
种类很多，同属植物杜鹃、春鹃、夏鹃、
春夏鹃、西洋鹃，以及从日本引进的皋月
杜鹃等也常用于制作盆景。

杜鹃盆景（铃木浩之　供图）

遥忆青青江岸上（田园　作）

　　**造型要点**　遵循先粗后细的原则，对主干、主枝
依次进行蟠扎，并对其他的小枝进行修剪，塑造出或
疏朗、或紧凑的树冠，注意提根，使作品苍劲古雅。

杜鹃盆景（铃木浩之　供图）

杜鹃花盆景（铃木浩之　供图）

# 迎春花
*Jasminum nudiflorum*

光照指数 ★★★★★　　施肥指数 ★★
浇水指数 ★★★　　耐寒指数 ★★★★

　　木樨科素馨属落叶灌木。同属中的迎夏、野迎春（黄素馨）以及米叶迎春等也可制作盆景。

春晓（杨纪章　作）

花枝俏（王小军　作）

　　**造型要点**　因是蔓生植物，故没有明显的主干，但根系发达，可采用以根带干式的方式，修剪、蟠扎相结合，制作不同造型的盆景。

喜迎春归（杨自强　作）

迎春（刘朝阳　作）

# 金雀
*Caragana rosea*

光照指数 ★★★★★          施肥指数 ★★

浇水指数 ★★★          耐寒指数 ★★★★

别名红花锦鸡儿（正名）。豆科锦鸡儿属落叶灌木。近似种锦鸡儿、毛叶锦鸡儿等也可用于制作盆景。

秋柳含烟（张延信　作）

雀之天堂（马建新　作）

**造型要点**　根系虬曲苍劲，枝干相对较细，可采用蟠扎、修剪、提根等方法造型，以彰显其深褐色的枝干与翠叶、黄花相得益彰的风采。

憩（张国军　作）

金雀盆景（杨自强　作）

# 白刺花
*Sophora davidii*

| 光照指数 ★★★★★ | 施肥指数 ★★ |
| 浇水指数 ★★★ | 耐寒指数 ★★★★ |

别名苦刺花、小叶槐。豆科苦参属（原为槐属）落叶灌木。

造型要点　树桩古朴多姿，当年生枝条柔韧性好、萌发力强，可根据树桩的形态，制作多种造型的盆景。

白刺花盆景（齐胜利　作）

白刺花盆景（齐胜利　作）

# 紫藤
*Wisteria sinensis*

光照指数 ★★★★★　　施肥指数 ★★

浇水指数 ★★★　　　　耐寒指数 ★★★★

别名葛花。豆科紫藤属落叶藤本植物。近似种藤萝以及多花紫藤（日本紫藤）系列品种等也常用于制作盆景。

**造型要点**　因是藤本植物，可通过锯截、修剪等方法，保留有造景价值的部分；采用蟠扎的方法调整枝条走势，使树冠自然扶疏。盛花时，紫色的花朵垂满枝头，给人以繁花似锦的感觉。

春韵（杨自强　作）

紫气东来（范鹤鸣　作）

紫气东来（王念勇　作）

龙腾凤舞（范鹤鸣　作）

## 合欢
*Albizia julibrissin*

| | |
|---|---|
| 光照指数 ★★★★★ | 施肥指数 ★★★ |
| 浇水指数 ★★★ | 耐寒指数 ★★★★ |

别名马缨花、绒花树、夜合花。豆科合欢属落叶乔木。

　　造型要点　枝条较长，又不耐修剪，造型方法以蟠扎为主，并注意多留枝条，等成型后再剪除多余的枝条，最终方可形成或丰满紧凑、或潇洒自然的树冠。

合欢（唐庆安　作）

老干翠绿（于忠华　作）

# 五色梅
*Lantana camara*

光照指数 ★★★★★　　施肥指数 ★★★

浇水指数 ★★★　　耐寒指数 ★★

别名马缨丹（正名）、五彩花。马鞭草科马缨丹属直立或半蔓生常绿小灌木。

造型要点　萌发力和柔韧性都很好，且根系发达，可采用修剪与蟠扎、提根相结合的方法，制作出根、干苍劲古雅，树冠或自然疏朗、或紧凑丰满的盆景。

花开五色（王惠杰　作）

五彩缤纷（周德清　作）

# 金银花
*Lonicera japonica*

| | |
|---|---|
| 光照指数 ★★★★★ | 施肥指数 ★★ |
| 浇水指数 ★★★ | 耐寒指数 ★★★★ |

别名忍冬（正名）、金银藤。忍冬科忍冬属常绿或半常绿藤本植物。

**造型要点** 由于是藤本植物，可截取有造景价值的部分，通过选择适宜的栽种角度，采用修剪、蟠扎相结合的方法，制作多种造型的盆景。

金银花盆景（漯河颖园 作品）

金银花盆景（魏国治 作）

**桑**

*Morus alba*

光照指数 ★★★★★　　施肥指数 ★★

浇水指数 ★★★　　　　耐寒指数 ★★★★

桑科桑属落叶灌木或小乔木。有龙桑、四季果桑、长果桑等品种。

桑树盆景（敲香斋　作品）

桑树盆景（黄远颖　作）

**造型要点**　可在当年生枝条半木质化时采用修剪、蟠扎相结合的方法造型，使作品骨架优美，树冠疏密有致，并利用其根系发达的优势，进行提根、附石等根系的造型。

桑树盆景（杨自强　作）

# 银杏
## *Ginkgo biloba*

光照指数 ★★★★★　　施肥指数 ★★

浇水指数 ★★★　　　　耐寒指数 ★★★

硕果垂枝（范鹤鸣　作）

别名白果、公孙树。银杏科银杏属落叶乔木。

盛世丰年（曹景杰　作）

峥嵘（北京植物园　作品）

**造型要点** 幼树枝干柔韧性好，可用铝丝蟠扎，使之曲折有致；老桩则依据其形态，制作出古朴苍劲的作品。银杏木质坚硬，可对树干进行雕凿，使之嶙峋古朴。

白垩遗孤（范鹤鸣　作）

# 红果
*Eugenia uniflora*

| | |
|---|---|
| 光照指数 ★★★★★ | 施肥指数 ★★★ |
| 浇水指数 ★★★ | 耐寒指数 ★ |

　　别名红果仔（正名）、番樱桃、巴西红果，台湾称"八棱樱桃"。桃金娘科番樱桃属常绿灌木或小乔木。

酡颜汉春（香港盆栽雅石协会　作品）

紫袍玉带舞春风（黄就成　作）

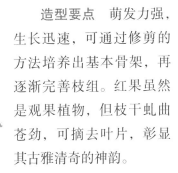

根深基固满目春
（仇伯洪　作）

　　**造型要点**　萌发力强，生长迅速，可通过修剪的方法培养出基本骨架，再逐渐完善枝组。红果虽然是观果植物，但枝干虬曲苍劲，可摘去叶片，彰显其古雅清奇的神韵。

倩溪红影（趣怡园　作品）

# 栀子
*Gardenia jasminoides*

| 光照指数 ★★★ | 施肥指数 ★★★ |
| 浇水指数 ★★★★ | 耐寒指数 ★★ |

　　别名水横枝、白蟾。茜草科栀子属常绿灌木。品种很多，适合制作盆景的有小叶栀子、雀舌栀子，以及清誉、达摩、喜岱誉、一寸法师等从日本引进的小型观赏栀子。因其具有根系发达、茎节短粗、株型矮小紧凑、叶片细小稠密等特点，被称为"小品栀子"。

　　**造型要点**　萌发力强，枝条柔韧性好，可通过修剪、蟠扎、牵拉、提根等技法的综合应用，改变枝条的走势，制作疏密有致、自然清雅的盆景。对于小品栀子系列品种可发挥其根系发达、枝节密集、主干顿挫粗壮的特点，将树冠塑造得紧凑而又层次分明。

暗香（楼学文　作　苏定　供图）

清风飞翠（陈治辛　作）

袭人（楼学文　作　苏定　供图）

栀子盆景（汪益　作）

## 六月雪
*Serissa japonica*

光照指数 ★★★　　　施肥指数 ★★
浇水指数 ★★★　　　耐寒指数 ★★

别名满天星、碎叶冬青。茜草科白马骨属常绿灌木。

家在清溪河边处（张宪文　作）

　　造型要点　枝条柔软，萌发力强，根系发达，可采用粗扎细剪、提根等方法，制作多种造型的盆景。在对粗枝蟠扎时要小心谨慎，避免分叉处撕裂。

风韵（祝贵祥　作）

星光灿烂（周润武　作）

六月雪盆景（玉山　摄影）

# 山茶
*Camellia japonica*

光照指数 ★★★★　　施肥指数 ★★★
浇水指数 ★★★　　耐寒指数 ★★

别名茶花。山茶科山茶属常绿灌木。近似种茶梅也常用于制作盆景。

**造型要点**　根据树桩的形态，通过改变上盆角度、修剪、蟠扎等技法的综合应用，使作品主干健壮、大枝疏朗、小枝层次分明，整体效果自然优美、绚丽夺目。

山茶（中野忠雄　作　刘少红　供图）

茶花盆景（铃木浩之　供图）

茶花盆景（梁悦美　作　刘少红　供图）

## 檵木
*Loropetalum chinense*

光照指数 ★★★★　　　施肥指数 ★★

浇水指数 ★★★　　　　耐寒指数 ★★

别名白花檵木、白彩木。金缕梅科檵木属常绿或半落叶灌木或小乔木。变种红花檵木也常用于制作盆景。

岁月如歌（刘秀根　作）

风韵天然（郁荣义　作）

**造型要点**　其上部的枝条与下部的根系有着相对应的水路，在去根时应考虑二者的畅通。枝条柔韧性、萌发力都很好，可采用修剪与蟠扎、牵拉相结合的技法，制作多种形式的盆景。

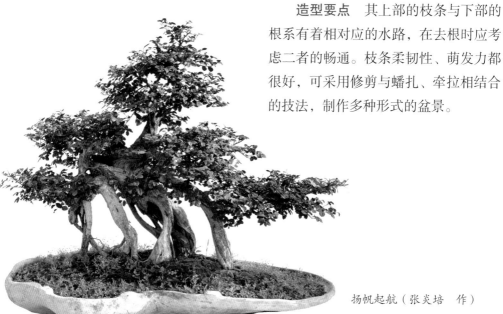

扬帆起航（张炎培　作）

# 三角梅
## *Bougainvillea glabra*

光照指数 ★★★★★    施肥指数 ★★★★

浇水指数 ★★★        耐寒指数 ★

别名光叶子花（正名）、九重葛、宝巾花，岭南称"簕杜鹃"。紫茉莉科叶子花属常绿灌木。

风起云涌（郭培　作）

云垂枝垂紫做荫
（香港盆景雅石学会　作品）

**造型要点**　生长迅速，萌发力强，根系发达且虬曲多姿，可用修剪为主、蟠扎为辅的方法，制作不同造型的盆景。还可采用截干蓄枝的方法，使枝干抑扬顿挫，即便是垂枝式也要刚劲有力，富有阳刚之美。

惊涛（罗志杰　作）

更上一层楼（周衍文　作）

# 厚萼凌霄
*Campsis radicans*

光照指数 ★★★★★　　施肥指数 ★★★

浇水指数 ★★★　　耐寒指数 ★

别名美国凌霄。紫葳科凌霄属落叶藤本植物，近似种凌霄（中国凌霄）及杂交种红黄萼凌霄也常用于制作盆景。

红黄萼凌霄（娄安民　收藏）

厚萼凌霄盆景（齐胜利　作）

**造型要点**　由于是藤本植物，可选择扭曲多姿的老干，在适宜的位置截断，使之重新发枝，进行培养造型。因其叶片较大，树冠多采用自然式。

厚萼凌霄盆景（齐胜利　作）

# 紫薇
*Lagerstroemia indica*

光照指数 ★★★★★　　　施肥指数 ★★★

浇水指数 ★★★　　　　　耐寒指数 ★★★★

别名百日红、痒痒树。千屈菜科紫薇属落叶灌木或小乔木。园艺种"姬紫薇"（矮紫薇）等也常用于制作盆景。

紫薇（北京植物园　作品）

春韵（范鹤鸣　作）

**造型要点**　可采用修剪、蟠扎相结合的方法制作不同造型的盆景。还可用紫薇老桩做砧木，在其枝条上嫁接姬紫薇，以形成紧凑的树冠。由于紫薇的花序较大，造型时要留出花朵的位置，以避免花序拥挤，使树冠缺乏层次。

万紫千红（赵雨峰　作）

# 石榴
*Punica granatum*

光照指数 ★★★★★　　施肥指数 ★★★★★
浇水指数 ★★★★　　　耐寒指数 ★★★★

　　石榴科石榴属落叶灌木或小乔木。品种丰富，制作盆景的品种要求节间短粗，坐果率高，果实形状周正、色彩美观，挂果时间长，果实味道的好坏不做考虑。

秋韵（马建新　作）

太平盛世（齐胜利　作）

危崖竞秀（张忠涛　作）

　　**造型要点**　可采用多种技法，塑造出高低相间、疏密有致的树冠，使之与累累的果实相映成趣。石榴老树干凹凸不平，可处理成舍利干，但这种舍利干又不同于柏树那种规整流畅、色彩对比分明的舍利干，而是要表现其粗犷的自然之美。

秋韵（梁凤楼　作）

# 枸杞
*Lycium chinense*

光照指数 ★★★★★　　　施肥指数 ★★★★
浇水指数 ★★★　　　　耐寒指数 ★★★★

茄科枸杞属落叶灌木。

**造型要点**　由于没有明显的主干，造型应围绕着根部进行，制作以根带干式、提根式等造型的盆景，树冠以自然式、垂枝式等为主。

秋韵（杨自强　作）

人瑞年丰（杨自强　作）

**问　枸杞为什么不保留夏季的果实？**

**答**　枸杞一年中可在夏、秋季两次开花结果，其中夏季5～6月开花所结的果实稀疏、个小色淡，可将花蕾摘除，勿使结果，以集中养分供给秋季开花坐果。

秋韵（王俊升　作）

# 胡颓子
*Elaeagnus pungens*

| 光照指数 ★★★★★ | 施肥指数 ★★★ |
| 浇水指数 ★★★ | 耐寒指数 ★★★ |

别名羊奶子。胡颓子科胡颓子属常绿或落叶灌木。

独吾秋花半含春（潘大德　作）

造型要点　虽然是观果植物，但其枝干苍劲古雅，可作为杂木类盆景培养，其树冠以自然式、云片式、蘑菇形为主，不宜采用垂枝式。

五子竞秀（戴友生　作）

# 山橘
*Atalantia buxifolia*

光照指数 ★★★★　　　施肥指数 ★★

浇水指数 ★★★　　　耐寒指数 ★

别名酒饼簕（正名）、东风橘。芸香科酒饼簕属常绿灌木。有大叶、圆叶、小叶（细叶）之分，制作盆景以小叶品种为佳。

俯瞰春秋（黄就伟　作）

**造型要点**　萌发力强，可采用修剪为主、蟠扎为辅的方法造型。由于其树种特性，不宜制作舍利干、垂枝式等形式的盆景。

双蛟探海（香港盆景雅石学会　作品）

## 金豆
### *Citrus japonica*

光照指数 ★★★★　　施肥指数 ★★★

浇水指数 ★★★★　　耐寒指数 ★

别名金柑（正名）、山金橘、姬金橘。芸香科柑橘属常绿灌木。

金豆盆景（郑志林　作）

金豆（陈勇　作）

**造型要点**　萌发力强，枝条柔软，根系虬曲发达，可采用修剪、蟠扎、提根相结合的方法，制作多种造型的盆景。

正果修成（黄就成　作　刘少红　供图）

# 柿
*Diospyros kaki*

光照指数 ★★★★★　　施肥指数 ★★★
浇水指数 ★★★　　　　耐寒指数 ★★

柿科柿属落叶乔木。

**造型要点**　采用修剪、蟠扎相结合的方法造型。因其叶大、果大，树冠多为自然式，其硕大的果实在绿叶丛中时隐时现，非常美丽。

果实愈繁身段愈低（梁家强　作）

金狮献礼（魏振伟　作）

# 金弹子
*Diospyros cathayensis*

| | | | |
|---|---|---|---|
| 光照指数 ★★★★ | | 施肥指数 ★★★★ | |
| 浇水指数 ★★★ | | 耐寒指数 ★★ | |

别名乌柿（正名）、瓶兰花。柿科柿属常绿灌木或小乔木。

蜀风（江波 作）

**造型要点** 萌发力强，枝条柔韧性好，可采用粗扎细剪的方法制作多种造型的盆景。其根、干发达，呈铁黑色，造型时不必做过多的处理，以彰显树种特色。

童梦·琼江乡渡（左世新 作）

万众一心（周树成 作）

林深不知处
（周润武 作 王志宏 供图）

# 老鸦柿
*Diospyros rhombifolia*

光照指数 ★★★★★　　施肥指数 ★★★

浇水指数 ★★★　　　　耐寒指数 ★★★

日本称"姬柿"。柿科柿属落叶灌木或小乔木，有着丰富的园艺种。

老鸦柿盆景（陈冠军　作）

**造型要点**　根系发达，枝干柔软，萌发力强，可采用修剪、蟠扎相结合的方法造型。因其多为雌雄异株，可将雄树与雌树嫁接在同一株树上，以增加坐果率。

秋艳（刘传富　作）

老鸦柿盆景
（铃木浩之　供图）

秋色（王建昌　作）

# 枸骨
*Ilex cornuta*

| | |
|---|---|
| 光照指数 ★★★★★ | 施肥指数 ★★★ |
| 浇水指数 ★★★ | 耐寒指数 ★★ |

别名鸟不宿、老虎刺。冬青科冬青属多年生常绿灌木或小乔木。园艺种及变种有小叶枸骨、无刺枸骨、密叶枸骨、彩叶枸骨等。

枸骨盆景（玉山　摄影）

以息相吹（叶天森　作）

**造型要点**　可采用多种技法对其根、干造型；树冠视品种而定，大叶枸骨、无刺枸骨等多采用自然式，而小叶枸骨则有自然式、云片式、蘑菇形等造型。

枸骨盆景（玉山　摄影）

# 卫矛

*Euonymus alatus*

光照指数 ★★★★★    施肥指数 ★★★

浇水指数 ★★★    耐寒指数 ★★

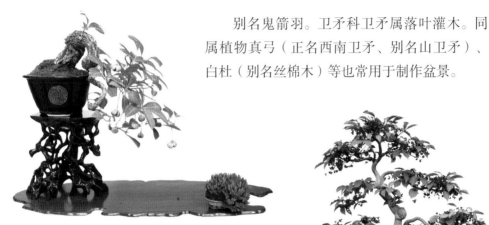

别名鬼箭羽。卫矛科卫矛属落叶灌木。同属植物真弓（正名西南卫矛、别名山卫矛）、白杜（别名丝棉木）等也常用于制作盆景。

真弓盆景（铃木浩之 供图）

**造型要点** 根系古雅，枝条柔韧性好，萌发力强。可根据树桩形态，采取蟠扎、修剪、提根相结合的方法，制作多种形式和规格的盆景。

秋（易军 作）

叠翠（杨自强 作）

时和岁丰（秦大伟 作 马建新 供图）

# 大花假虎刺
*Carissa macrocarpa*

| 光照指数 ★★★★ | 施肥指数 ★★★ |
| 浇水指数 ★★★ | 耐寒指数 ★★★ |

别名美国樱桃、大花刺郎果。夹竹桃科假虎刺属常绿灌木。

大花假虎刺（安阳市三角湖公园　作品）

**造型要点**　虽然主干不是太粗，但枝叶平展，自然成云片状，可利用这个特点，以修剪、蟠扎相结合造型，表现其自然清雅的神韵。

大花假虎刺（安阳市三角湖公园　作品）

## 李氏樱桃
*Malpighia glabra*

光照指数 ★★★★　　　施肥指数 ★★★

浇水指数 ★★★　　　　耐寒指数 ★

　　别名光叶金虎尾（正名）、小叶金虎尾、小叶西印度樱桃。金虎尾科金虎尾属常绿灌植物，是西印度樱桃（正名金虎尾，别名美国樱桃、黄褥花，也常用于制作盆景）的变种。

　　**造型要点**　根系发达，枝条柔韧性好，萌发力强，可通过修剪、蟠扎等技法的综合应用，突出其花艳、果美、叶翠的特色。

李氏樱桃盆景（王振声　作　刘少红　供图）

李氏樱桃盆景（敲香斋　作品）

# 蜡梅
*Chimonanthus praecox*

| | |
|---|---|
| 光照指数 ★★★★★ | 施肥指数 ★★★★ |
| 浇水指数 ★★★ | 耐寒指数 ★★★★ |

别名腊梅、干枝梅、黄梅。蜡梅科蜡梅属落叶灌木。品种有素心蜡梅、罄口蜡梅、狗牙蜡梅等。

蜡梅盆景（郑州市碧沙岗公园　作品）

**造型要点**　根、干苍劲古雅，木质坚硬，萌发力强，造型方法以修剪为主，树干因桩赋形，树冠以自然式为主，而不宜采用垂枝式、云片式、蘑菇形等造型，并进行提根，以突出其自然古雅的特点。

寒山梅影（顾国钦　作）

祝福祖国（成都幸福梅林　作品）

蜡梅（郑州植物园　作品）

古色古香（郑州植物园　作品）

争奇斗艳（于发科　作）

蜡梅盆景（郑州市碧沙岗公园　作品）

# 美化篇

MEIHUAPIAN

树木盆景的美化包括对盆面的美化处理，摆件及几架的应用，题名，陈列等。其目的是提高作品的观赏性，增强表现力。

# 一、盆面的美化

　　盆面若处理不当，会使土壤裸露，导致观赏性大打折扣，作品显得粗糙不堪。现主要介绍几种美化方法。

## （一）栽种植物

　　在盆面栽种一些小型植物遮掩盆土，美化盆面。所选的植物要求植株低矮，习性强健，覆盖性良好。常用的有青苔、天胡荽、小叶冷水花、薄雪万年草等，其中的青苔最为常用。

　　青苔，也叫苔藓，种类很多，盆景中较为常用的是葫芦藓。多生长在温暖潮湿之处，使用时可去采撷，然后铺在盆面上。铺青苔时注意不要铺的像足球场的草坪那样，缺乏地貌纹理的变化。铺后用喷壶向盆面喷水，以借助水的压力使之与土壤结合牢稳，并对接缝之处进行修整，营造出自然和谐的地貌景观。

柳枝经雨重（段昕鑫　作）

天涯海角（如皋花木大世界　作品）

## （二）撒颗粒材料

在盆面撒上一层陶粒、石子或其他颗粒材料，使之整洁美观。对于脱叶后，以枝干为主要观赏对象的"寒树相"盆景，在盆面撒颗粒，可为作品增添苍凉的寒冬之美。

相映成趣（郭国宣　作）

对于梅花、蜡梅、迎春花等树种的盆景，可在盆面撒上一层白色石子代表雪，以彰显其不畏严寒，傲雪绽放的风采；还可在盆面撒上白色石子，表示水系。

红梅赞（郑州市人民公园　作品）

乡愁（朱永康　作）

# （三）点石

点石也叫布石，即在树木旁边点缀观赏石。点石时注意石与树要有高低参差，避免二者等高，其形式可借鉴中国画中的松石图、竹石图、树石图等。对石头的种类要求不严，但形状和色彩要自然，不宜使用人工痕迹过重的正方形、长方形、圆形、球形等几何形状，以及红、绿等颜色过于鲜艳的石头。

有的盆景树冠很美，但根盘略弱，可在树干旁边放置一块大小形状相适应的赏石，以避免作品头重脚轻；有的长方形或椭圆形盆钵中，一端栽种植物，另一端空旷无物，整体缺乏平衡感，可在空旷之处放置山石；悬崖式盆景如果下垂的枝干过大，也可在盆面点石，以起到平衡重心的作用。

竹石图（温云明　作　刘少红　供图）

探幽（张浩　作）

为了营造自然和谐的地貌景观，也可以盆面点石的方法来增加作品的野趣。点石时应将石头埋入土壤，使之根基沉稳自然，避免轻浮做作。

归根（梁凤楼 作）

石城遗韵（束健 作）

## （四）综合法

综合采用点石、栽种植物、撒颗粒等方法，将盆面处理得自然而富有野趣，并结合摆件的应用，以提高盆景的艺术性。

江南春早（张振卿 作）

十里闻风（江一平 作）

无论采用什么样的方式处理盆面，都要做到自然和谐，切不可做作。有人喜欢在盆面栽种一些雏菊、小菊等小型观花植物，其鲜艳的花朵往往会喧宾夺主；还有人喜欢在表现冬季"寒树相"作品的盆面上铺翠绿的青苔；甚至为了表现冬天的雪景，在盆面撒面粉，在树枝、果实上粘泡沫粉等，这些方法不仅没有收到理想的效果，反而弄巧成拙，影响作品的表现力。

# 二、摆件的应用

摆件，是指盆景中树木、山石以外的点缀品。有人物（主要有身着汉服读书、抚琴、饮酒、下棋的文人雅士以及牧童、樵夫、农夫、渔夫等，此外还有仕女、羽扇纶巾的诸葛亮、习武的僧侣以及打太极拳的老者等形象），动物（有马、牛、鹿、鸡、鹤、鹅、鸭等，有时为了表现竹林风光，也用大熊猫等），以及舟船、竹筏等交通工具；亭、塔、房屋等建筑物。材质有陶质、瓷质、石质、金属、木质、塑胶等。

觅风（吴成发　作）

恰当的摆件，能够起到画龙点睛的作用，点明作品主题，不少盆景的题名就是以配件命名的，像《牧归》《八骏图》《童趣》《对弈》等。摆件的应用原则是少而精，要简洁大方，切不可过多过滥，以免画蛇添足，甚至喧宾夺主。除了点缀盆内，在某种特定的环境中，还可将摆件摆放在盆钵之外，以延伸意境。

春韵（杨自强　作）

摆件的应用还要注意与盆景所表现的环境相和谐，如水岸江边就不宜摆放饮酒者，宜摆放钓鱼的渔翁；丛林盆景的林荫路宜摆放砍柴的樵夫或游玩的文人雅士；树荫下或摆放喝茶的农夫、饮酒的诗人、骑牛的牧童、对弈的老者、奏乐的乐工乃至马匹等。

榆乐（施建国　作）

青山依旧弄翠云（王宪　作）

摆件的大小与盆景的体量之间的比例关系也不容忽视，摆件小盆景大，看上去不起眼，达不到所要表现的效果；反之摆件过大，会使作品显得意境小，难以彰显以小见大的艺术效果。在盆景中虽然不能严格按国画中的"丈山尺树寸马分人"的比例要求，但也要尽量做到二者大小比例适宜。

醉春（张晓磊　作）

# 三、几架及博古架的应用

## （一）几架

几架也叫几座、底座，是用来陈设盆景的架子，它与景、盆构成统一的艺术整体，有"一景二盆三几架"的说法。其材质有木质、竹质、石质、陶瓷、水泥、金属质、塑料等，其中木质的最为常用，主要有红木、黄杨、楠木、酸枝木、枣木、榆木等木材。

不同的几架

罗汉松盆景（彭建华 作）

按陈设方式划分，有落地式和桌案式，其中落地式的有方桌、圆桌、长桌、琴几、茶几、高几等款式；桌案式则有方形、长形、圆形、多边形、海棠形、书卷形等款式。此外，还有用天然树根、树蔸、赏石做成的几架；还有把老树的根、干锯成薄片，作为底座，极富天然情趣。

疏影横斜（卢法强 作）

几架应比盆略大一些，这样才和谐美观。对于用稍浅盆栽种的悬崖式或临水式盆景应放在较高的几架上，才能彰显其崖壁之木险峻苍古、势若蟠龙的气势。为了整体效果，还可在几架下面铺上竹席或竹帘，以突出典雅自然的特色。

双喜临门（杜仲君 作）

## （二）博古架

主要用于小微盆景的陈列。有长方形、正方形、圆形、房屋形、亭子形、葫芦形、舟船形、扇形、月牙形、花朵形、古币形等多种形状。

在使用博古架时，应注意盆景的大小与宝阁大小的搭配。如果盆景过大，会显得局促拥挤，而盆景过小则没有气势。此外，还可在盆景的下面垫一个大小适宜的底座，否则花盆直接摆在博古架上，就像人没穿鞋子，看上去不是那么和谐。

景意（王元康　作）

和搏一流（袁振威　作）

# 四、树木盆景的题名

题名是中国盆景的"灵魂"。恰当的题名能够点明主题，延伸内涵，是外在形象与内涵情趣的高度概括。题名字数要简洁明了，不宜过多，一般不超过7个字；内容可从古诗词、典故中选取，也可从盆景的造型、摆件中择取；还可以把树名或其谐音嵌入题名中，如金雀盆景题名《雀之乐园》《小鸟天堂》《金雀闹春》，迎春花盆景题名《喜迎春归》《迎春曲》《春韵》，连根式雀梅盆景题名《鹊桥》，榕树盆景题名为《有容乃大》《世代兴容》《容榕和谐》，紫薇、紫藤盆景题名为《紫气东来》等。

在引用古诗词作为盆景题名时一定要准确，理解原意，切不可生搬硬套，或出现错别字。此外，还有注意语句是否通顺，避免拗口生僻、令人难以明白的题名。而作品所表现的季节性和相应的地理环境也不容忽视，如表现秋天硕果垂枝的作品题以"枯木逢春"、表现垂柳婀娜飘逸的作品题以"沙漠之春"之类的名字就不太适宜了。

世代兴荣（李日成 作）

## ●题名欣赏

苍、雄、玉树临风、层林尽染、故乡情、松林
耸秀、峥嵘岁月、千古枫流、俯瞰春秋、唐梅
宋骨、涛声依旧、疏林叠翠、太白遗风、松年
笔意、云林画意、金雀闹林、醉夕阳、五子竞秀、
竞秀、浩然正气、青龙出岫、风骨、雨霁含烟图、
故乡的云、金珠问秋实、涛声、牧归、西风烈、
故乡情、松林曲、静云觅句、秋·思、回眸一
笑百媚生、山水清音、水木年华。

秋·思（李云龙　作　张国军　供图）

山水清音（张延信　作）

水木清华（张志刚　作）

题名虽然能够起到画龙点睛、点明主题的作用，但也在一定范围内禁锢了观赏者的想象空间，使之只能按照作品的题名欣赏。因此，也有人主张盆景不必题名，让观者自己去品味、感悟，充分发挥其想象力，体会盆景艺术的内涵。

回眸一笑满园春（陈昌　作）

# 五、树木盆景的陈列

一件好的盆景作品只有在一定环境的衬托下，才能彰显出其如诗如画的魅力。往往以白色、浅灰色、深灰色、黑色等色彩纯净的背景为衬托，并在旁侧点缀摆放饰草（山野草）、赏石、摆件、小工艺品等，能更好地衬托主题。还可将数件盆景进行组合搭配，营造出自然和谐的艺术氛围。

游龙思故渊（龙川盆景园　作品）

韵涵图（陈汉培　作）

牧归（郑州市碧沙岗公园　作品）

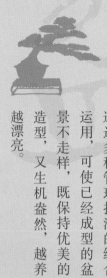

# 管理篇

MEIHUAPIAN

通过多种管理技法的综合运用，可使已经成型的盆景不走样，既保持优美的造型，又生机盎然，越养越漂亮。

# 一、上盆与翻盆

上盆，是将基本成型的盆景从"养桩"的瓦盆、塑料盆及其他不是很美观的盆器中或地栽状态移入紫砂盆、瓷盆、石盆之类的观赏盆。翻盆，也称改植、换土、换盆，即更换部分盆土，有时还要更换盆器，使盆景保持良好的长势，提高其观赏价值。

## （一）翻盆的目的

植物在盆中生长一段时间（大型盆景 3 ~ 5 年，小型盆景 1 ~ 2 年）后，土壤的肥力耗尽，土壤板结，排水透气性、保水保肥性日趋衰退；同时植物的根系布满全盆，大量须根沿盆壁而生，在盆的周围形成一个网状兜，其吸收水分和养分的能力也变弱下降。此时，就要进行翻盆，更换部分土壤，以满足植物生长对养分的需要。

树木盆景的翻盆时间应根据树种来决定，大部分以春季萌芽前后最为适宜；而榕树之类的常绿阔叶植物或习性强健的落叶植物也可在夏季的生长期上盆。此外，在正常管理的情况下，盆景出现长势逐渐衰退，发枝瘦弱，不发新梢，开花稀少，甚至不开花，黄叶数量逐步增加，根部发生病虫害或盆已破裂等情况，也要及时换盆。

## （二）盆土的配制

对于大多数盆景植物来讲，都能在疏松肥沃、排水透气性良好的沙质土壤中生长，可根据这个原则以及具体树木种类、种植环境进行配土。一般来讲，产于长江以南的栀子、杜鹃、山茶等常绿植物适宜在微酸性土壤中生长；而柽柳、黄荆等北方的落叶植物适宜在中性至弱碱性土壤中生长。

赤玉土、鹿沼土、桐生沙、富士沙、柏拉石、日向石、植金石等都是近年从日本引进的高级园艺栽培介质（有些国内已有生产），是由火山沙、火山岩等制成的粗细不一的颗粒物，具有良好的排水性、蓄水性、通透性、流通性，对植物的根系生长发育非常有利，但有机质含量较少，可掺入树皮、泥炭、椰糠等材料，并在管理中适时适量施肥，可用于种植较为珍贵的树木，或培育形态优良的桩材。

## （三）上盆的方法

剪除烂根、朽根及粗大的直根，将过长的根系剪短，去除一部分外围的根系，以促发新根，并剪去部分枝叶，使根部的吸收功能与叶的蒸发功能保持平衡。由于上盆前对植物的根系作了修剪，且培养土一般较为疏松，故植物入盆后容易摇晃，甚至倒伏，从而对根系的恢复造成不利影响。为此，可用铜丝、铝丝等金属丝将植物与盆器绑扎固定。同时，还要在盆底排水孔上覆盖纱网，在盆的底层放一些颗粒材料，以利于排水。

上盆步骤（王小军　作）

上盆时不要将树栽种在盆的正中央，较倾斜的一方或多枝的一面，应留下较大的面积，如向右倾斜的树，右边要留较大的面积，反之也亦然，以树的基部为分界点，两边的比例以 4 : 6 或 3 : 7 为最佳。植物最好能种得比盆面略高一些，微微露出根部，以显出年代感。土面应比盆缘和盆中低一点，以避免浇水时水溢出盆子，并突出盆中树木的高大。

闽越遗韵（何华国　作）

浩气盎然（徐杰　作）

## （四）上盆后的管理

先浇透水，并适当遮阴，避免烈日暴晒。如果是冬季或早春，最好能将盆景放在温室内养护，以防止因寒风等原因导致盆景退枝或死亡，造成不必要的损失。

# 二、控型方法

控形就是通过修剪、摘叶、抹芽、摘心等技法的应用，控制盆景的形态，使之保持优美的造型。

# （一）修剪

包括疏剪、短剪、缩剪等技法，具体参考"技法篇"。与造型修剪相比，养护期的修剪是为了保持盆景造型的优美，并增加树体内部的通风透光，避免枝条衰弱。如果不是改做或更新枝条的话，一般不做较大幅度的修剪。可在春季萌芽前进行一次整形修剪，剪除枯枝、病虫枝，将长枝短截；生长期剪除徒长枝、杂乱枝及其他影响造型美观的枝条。

①树冠杂乱的桑树盆景。
②进行整形，剪去部分枝叶。
③修剪后清爽宜人，绿叶红果相得益彰。

控型修剪（杨自强　作）

对于梅花、蜡梅、迎春花、月季等观花盆景，可在开花前进行一次细致的修剪，剪去过长枝、无花枝、杂乱枝及其他影响美观的枝条，以提高观赏性。

花团锦簇（玉山　摄影）

## （二）摘叶

有不少树木盆景，特别是落叶树种，在新叶刚刚长出时最为美观，是最佳观赏期。但这种最佳观赏期在自然条件下每年只有一次，因此为了提高观赏性，可进行摘叶，使其萌发出叶片细小、稠密、鲜亮的新叶。常绿植物叶子虽然可存留数年，但老叶粗大质硬，很不美观，可将其摘除，促发小而质厚的嫩叶。

摘叶前

摘叶后

风华正茂（逸心亭　作）

对于冬红果、石榴、苹果、梨、木瓜等观果植物盆景，可在观赏期摘除部分甚至全部叶子，以突出果实的丰美。

硕果累累（姚明建　作）

摘叶一定要选择生长健壮的盆景，长势较弱的树则不宜摘叶，而且摘叶的次数也不宜过多，每年 1～2 次即可。摘叶时间一般在 6～9 月的生长季节。摘叶后给予充足的光照，并加强水肥管理，经常向枝干喷水，根据树种及养护环境的差异，7～20 天就会有嫩绿可爱的新叶长出。

**问 什么是"脱衣换锦"？**

**答** 在岭南派盆景中，摘叶被称为"脱衣换锦"。这是因为不少树木的枝干顿挫刚健、苍劲挺拔，如榔榆、朴树、三角枫、榕树、九里香、红果仔、山橘、三角梅等植物，摘叶后筋骨毕露，所展示的"寒树"相极富阳刚之美，新芽萌发后，鲜嫩的新芽与苍健的枝干相映成趣，犹如给树木披上一层翠绿的"锦袍"。

摘叶前

摘叶后

金秋玉露—相逢（香港盆景雅石学会　作品）

## （三）摘芽

在生长期将植物新梢顶端的芽摘除，以促进腋芽萌动，使其多长新枝，有利于树冠形态的稳定。对于枝干上萌发的新芽，除保留理想位置的芽继续生长外，余下的芽应及时摘除，以免去以后剪枝的麻烦。对于松树、柏树、黄杨、芙蓉菊等非观花观果类盆景，也要将花芽剪去，以免消耗过多的养分，影响植株生长。

白刺花的萌蘖枝

摘叶基部的萌芽后，
树形变得更清爽宜人

绿云（梁凤楼　作）

# 三、放养

放养就是将树木盆景栽种在较大的盆器内，给予充足的水肥供应，在这期间尽量不要做剪枝、蟠扎等控形措施。如果顶端的枝条生长过旺，可加以控制，使其营养分布合理，有利于长势的恢复。

问 树木盆景为什么要放养?

答 盆景一般是栽种在或小或浅的盆器内,盆内的土很少,仅仅能够维持植物生命的延续,很难使之健康生长。长期下去,会使得植株衰弱,造成退枝,甚至死亡,所以盆景界有"盆景成景之日就是死亡之日(即功成身退)"的说法。因此,对于成型的盆景定期放养(一般每隔每3~5年放养一年),以保证其健康生长。

放养中的石榴盆景(娄安民 收藏)

# 四、退枝处理

退枝,是指在盆景的养护过程中,某个在造型中起着重要作用的枝条,因种种原因枯死,使得盆景出现残缺。若遇到这种情况,可对其进行重新造型,达到化腐朽为神奇的艺术效果。

### ● 实例

①月季盆景《舞风弄影》右侧的枝干退枝后，将其短截，并将残留部分做成舍利干，以表现其苍老古雅的风采。剪去部分枝条后，其形犹如灵兽献宝，故命名《献瑞》。

退枝后

退枝前

舞风弄影（王小军　作）

献瑞（王小军　作）

②迎春花盆景《迎春》原为大树型造型，后来右半边的主枝枯死了，深思熟虑后，剔除死去的根和枝条，蓄养新的枝条，将其蟠扎成垂枝状。其依依下垂的枝条疏朗飘逸，树干部分好像一个人抱着一棵树，细细品味，还真有点鲁智深倒拔垂杨柳的意思。

退枝后

退枝前

迎春（杨自强　作）

# 五、改做

  树木盆景是"有生命的艺术品",有生命就有变化,这些变化既有因植物自身生长产生的,也有修剪、蟠扎、换盆等人为外力产生的。为了应对其中的不良变化,可对盆景改做,进行二度创作。对于成型的盆景,看久了难免会产生审美疲劳,遇到这种情况不妨换种造型,会收到意想不到的效果。改做是盆景创作的继续,成功的改作能使盆景脱胎换骨,具有"凤凰涅槃,再获重生"的效果。

改做前

武林轶事(杨自强　作)

改做后

牧归(杨自强　作)

改做前

唐宋遗韵(王小军　作)

改做后

牧歌(王小军　作)

● 实例

《绿荫如水钓闲情》表现的是溪水畔柳荫下一老者持竿垂钓，作品的树貌树姿都很好，但整体布局却有些局促。后作者换盆后重新组合，使作品更加自然流畅，层次分明，并以一匹低头饮水的马匹作为点缀，题名《饮马黄河边》。

绿荫如水钓闲情（马建新　作）　　　　　　饮马黄河边（马建新　作）

# 六、日常养护

对于大多数的树木盆景而言，在生长期都喜温暖湿润和空气流通的环境，可根据具体情况放置在庭院、阳台、屋顶等处养护，并将盆景置于有一定高度的架子上，以利通风。有条件的话最好能搭建一个小温室，为安全越冬打下良好的基础。其具体温度、光照、水肥等日常养护应根据不同树木特点及地区气候环境进行调控。

迎春（万晓光　作）

寒林竞秀（王小军　作）

## （一）温度

冬季除做好保温防冻工作外，还要注意寒风。寒风对树木盆景影响极大，若不加保护的话，很容易将盆冻透，使根系受到损伤，造成树木死亡。此外，树木盆景由于受盆器的制约，长期处于亚健康状态，本身抗寒性就有一定程度的下降。因此，有条件的话，最好将盆景移至室内或将盆埋在室外避风向阳处越冬。当然，越冬温度不宜过高，以不超过10℃为宜，以免盆景冬季得不到充分的休眠，影响以后的生长，甚至提前发芽，扰乱树形，影响观赏。

夏季的高温对植物造成的伤害也不容忽视，可通过向植株喷水，向周围环境洒水，加强通风，适当遮阴等方法进行降温。

石榴盆景（娄安民　收藏）

三角梅盆景（马建新　作）

中华风骨（周润武　作）

## （二）光照

阳光是绿色植物进行光合作用的能量源泉，如果光照（包括光照强度和光照时间）达不到要求，叶绿素就无法把二氧化碳和水合成碳水化合物和氧气，植物就难以生长。按习性的不同，可分为喜阳性植物、中性植物、喜阴性植物三种类型。

手中岁月（王小军　作）

佛肚竹（郑永泰　作　刘少红　供图）

需要指出的是喜阳性和喜阴性是相对的。喜阴类盆景也不能完全没有阳光，在冬季一定要给予充足的光照。喜阳类盆景在炎热的夏季也不能长时间在阳光下暴晒，尤其是植于浅盆中的盆景或微型盆景，更要适当遮阴，以免强光灼伤叶子，土壤干燥过快，对盆景造成伤害。

喜阳光的月季盆景（郑州植物园 作品）

半阴环境中的六月雪盆景（玉山 摄影）

## 问 阳光对盆景的塑形有什么作用？

答 充足的阳光会使枝条节与节之间的距离变短，叶片有效变小，形成紧凑的树冠，反之植株徒长，叶子变得薄而大，枝节之间的距离会拉长徒长，树冠松散，影响观赏。此外，植物都有趋光性，即枝叶朝着向阳的方向生长。在摆放时将主要观赏面作为朝阳面，使其更符合人们的审美习惯。此外，也可定期转动方向，使盆景受光均匀，保持树形的匀称。

光照充足的迎春花盆景株型紧凑
（张国军 作）

## （三）浇水

树木盆景一般盆器不大，植株根系难以伸展，所能够吸收的水分有限，因此适时、适量浇水，是盆景日常管理中的重中之重。

耐旱的玉叶盆景（王作义　作）

喜水的竹子盆景（黄雅笙　作）

半喜水的金雀盆景（张伟民　作）

## 问　什么是干透浇透？

答　说到浇水，大部分人都会说"干透浇透""见干见湿"。所谓的干透，并不是说盆土不含一点儿水分，而是盆土表面呈灰白色就要浇水了；浇透，是水要从盆底的排水孔中流出，使盆土完全湿润，切不可浇半截水。

树木盆景的浇水可分为以下几种。

**控水** 即适当控制浇水。在春季植物萌芽前后，使盆土维持偏干状态1~2个月，直到萌芽后长出定型叶，再给予充足的水肥，方能使叶子变小。尤其是出芽时让盆土保持短时间的干燥，新芽能够有效变小，节间变短。需要指出的是，控水应反复多次谨慎进行，如果水大，就会前功尽弃；而长期缺水，则会造成叶子干枯，严重时甚至导致植株死亡。因此，控水期间要注意观察，当出现枝叶下垂萎蔫时，就必须要浇水。

**扣水** 一些观花观果植物盆景，如梅花、蜡梅、苹果等，在花芽生理分化的前期（一般为5月下旬至6月下旬，火棘等植物是在10月），应适当减少浇水，以减缓枝条生长速度，待新生枝梢出现轻度萎蔫时再浇水，这样反复几次有利于花芽的分化。

**找水** 也叫补水，因盆的大小深浅不同，植物叶片的大小多少等差异，水分蒸发量不一，故在炎热的夏天及初秋，早晨浇水后，可在傍晚根据土壤的干湿情况，对盆土已干的再浇水。此外，大多数的树木盆景上盆后都要浇足水。施肥后的第二天，应浇一次"回头水"。

**放水** 指植物盆景在培育期，为了使枝条、树干尽快长到理想的粗度，或观果盆景坐果后，为了使果实充分发育膨大，可结合施肥，加大浇水量，谓之"放水"。

浇水还应考虑到每种植物的具体习性及栽培环境、气候、季节等因素。松柏等针叶树种蒸腾量相对小，浇水量可少些，且松类宜偏干，柏类较宜偏湿，故有"干松湿柏"的说法。阔叶树种叶片较大，蒸腾量大，散失水分多，浇水量要大些。幼龄树比老龄树生长旺盛，需水量相应多些。长势衰弱的盆景需水量较少。

当水温与盆土温度相差较大时不能马上浇水，需待两者温度接近时再进行。若遇连阴雨天或暴雨要及时排水，以免长时间浸泡，引起烂根。

## （四）施肥

植物在生长过程中所需要的各种营养成分谓之"肥"。其中，氮、磷、钾所需要的量最大，而硼、锰、锌、铜、钼、铁等微量元素虽然需要量很少，但对植物生长发育的调节有着至关重要的作用，可通过微量元素专用肥加以补充。

**小贴士**

氮肥　促进植株的营养生成和叶绿素的形成，主要用于叶的生长。植物在苗期和观叶植物需要量较大。

磷肥　能够促进植物孕蕾、开花、坐果和果实的发育，主要用于观花观果类植物盆景。

钾肥　钾在植物体内移动性较大，通常分布在生长最旺盛的部位，如芽、根尖等处。钾肥能够促进植物茎干发育和根系的生长，提高光合作用效果，增加植物的抗旱、抗寒、抗病能力。

按施用方法的不同，可分为以下几种。

基肥　也称底肥，即上盆时将肥料施入盆底部的土壤中。植物盆景多用动物的蹄片、骨头、腐熟的饼肥及过磷酸钙、草木灰等作基肥。

追肥　在植物的生长期，为补充土壤中某些营养成分，而追施的肥料。有一种是根部追肥，即将腐熟的有机液肥加水稀释后施入盆中，但臭味较大，不适合家庭环境中使用。可购买一些专用肥，按说明书的使用方法进行操作。

根外施肥　也叫叶面施肥，多用于观花观果盆景，在开花前用0.2%的磷酸二氢钾溶液向叶片喷洒，对植物的开花坐果及果实发育有着明显的效果。此法也可用于松柏类盆景及摘叶后的杂木盆景，但要掺入一半0.3%的尿素，以增加氮肥的含量。喷洒时叶的正面和背面都要喷洒到，因为大多数植物叶背对水、肥的吸收能力要大于叶面。

树木盆景施肥应把握"薄肥勤施"的原则，不施浓肥和发酵不彻底的生肥。根据树木的种类，适时、适量施肥。

松柏类盆景虽然生长缓慢，但四季常绿，营养消耗也是很大的，要想保持树势的旺盛，就需要薄肥勤施，尤其是多施钾肥，使其枝干和根部更为壮实。对于杂木类盆景，不论是落叶树种还是常绿树种，叶片和枝干都是主要观赏对象，因此就需要多施用氮肥和钾肥，使根干健壮，枝叶丰满。而花果类盆景就要多施磷钾肥，以使花朵艳丽、坐果率高、果实丰美，由于施肥后还有一个吸收利用的过程，应在花蕾期或者坐果前1~2个月施用。对于杜鹃花、栀子花等喜酸类植物，在肥液中加入少量的黑矾（硫酸亚铁），可以有效地避免黄化病的发生，使叶色浓绿光亮。

对于大多数树木盆景而言，春末和夏季的生长旺季，可适量多施肥，秋季植物生长缓慢则应少施肥，冬季进入休眠期应停止施肥。但根据一些大师的经验，松柏类盆景秋冬季节施肥，能够有效地促进树干增粗和根系发育，提高其抗寒能力。

需要指出的是，对于成型的盆景，施肥量不宜过大，否则会使得植物生长过旺，叶子过大，导致作品变形，影响美观。但也不能缺肥，否则植物得不到养分，会变得羸弱，处于亚健康状态，缺乏应有的生机，严重时甚至死亡。

喜肥的石榴盆景（梁凤楼 作）

对肥料要求中等的梅花盆景
（郑州市人民公园 作品）

龙脉（马建新 作）

# 七、花果类盆景的促花保果

不少花果类植物都是在当年生的枝条上形成花芽，翌年开花结果，因此可在春季花后进行修剪，将长枝剪短，以促进新枝的萌发；在5月下旬至6月底（火棘是在10月）花芽分化期，控制浇水，等幼叶萎蔫时再浇水；枝条的生长期要及时摘除顶端的嫩尖，以阻止枝条延长，使其重新分配营养，这些措施都能使枝条发育充实，有利于花芽的形成，为翌年开花坐果打下良好的基础。此外，给予充足的阳光、肥沃的土壤，适时适量施肥都是必要的措施。

对于银杏、金弹子、老鸦柿、石榴等雌雄异花的植物，以及苹果、梨或自花坐果率低的植物，可进行人工授粉。坐果后摘除形状或位置不佳的果实，使养分集中供给所保留的果实，达到提高果实品质的目的。

秋实（商丘盆景展　作品）

梅花报春（郑州市碧沙岗公园　作品）

火棘盆景（王燕飞　作）

月季等植物是在新枝顶端形成花蕾的,可在花后将花枝短截,使其萌发新枝后再次开花。

盛花期的月季盆景《岁月如歌》

花后进行修剪,企盼下次开花

不多久,就长出了新的花蕾

（王小军　作）

# 八、病虫害防治

　　树木盆景的病虫害多因生长环境不良而造成。病害主要有烂根病、白粉病、煤烟病、黑斑病、炭疽病等；虫害有红蜘蛛、蚜虫、介壳虫、白粉虱、天牛、蛴螬、蝗虫及各种蝴蝶、蛾子的幼虫等。此外，还有一些病虫害只针对特定的植物，如枸杞瘿螨、月季长管蚜等。应尽量为植物创造良好的生长环境，以预防病虫害的发生。

　　若发生病虫害应选择那些低毒高效、降解快，对人及宠物无毒副作用，对环境危害小的药物进行防治。其具体用量和使用方法，可按药物的使用说明书进行。

红梅报春（郑州市绿城广场　作品）

峥嵘岁月（韩琦　作）